青少年 STEAM 活动核心系列丛书

乐学 Windows 操作系统

王振世　编著

清华大学出版社

北　京

内 容 简 介

本书以 Windows 操作系统的常见使用实例为主线，介绍了 Windows 操作系统的概念及其在资源管理和提供用户界面方面的作用，另外还介绍了读者经常会用到的文件管理、用户和组管理、网络配置管理、设备管理和存储管理等内容。对于注册表管理和进程管理这两部分内容来说，可以根据读者自身情况有选择地学习。书中提供了生动活泼的漫画和大量操作过程的图形界面，在对基本概念的阐述中，使用了许多青少年易于理解的比喻和故事，以及大量对话式的讲解方式。本书的每个章节都提供了相关的延伸阅读，用以激发读者对计算机的兴趣。本书强调操作实践的同时，引导读者将感性认识上升到理性认识，逐渐培养强大的逻辑思维能力。

本书还提供了简单有趣的 Windows 批处理程序，供读者在运行程序过程中加深理解。这些程序实例，都可以方便地从清华大学出版社的资源网站上获取。

本书的实操部分对计算机环境的要求非常简单，仅需要安装好 Windows 操作系统即可。本书进一步降低了学习和使用 Windows 操作系统的门槛，非常适合青少年朋友在计算机入门时使用。

本书封面贴有清华大学出版社防伪标签，无标签者不得销售。

版权所有，侵权必究。举报：010-62782989，beiqinquan@tup.tsinghua.edu.cn。

图书在版编目（CIP）数据

乐学 Windows 操作系统 / 王振世编著. —北京：清华大学出版社，2021.3
（青少年 STEAM 活动核心系列丛书）
ISBN 978-7-302-57478-1

Ⅰ. ①乐… Ⅱ. ①王… Ⅲ. ① Windows 操作系统—青少年读物 Ⅳ. ① TP316.7-49

中国版本图书馆 CIP 数据核字（2021）第 021495 号

责任编辑：贾小红
封面设计：秦 丽
版式设计：文森时代
责任校对：马军令
责任印制：丛怀宇

出版发行：清华大学出版社
　　网　　址：http://www.tup.com.cn，http://www.wqbook.com
　　地　　址：北京清华大学学研大厦 A 座　　　　邮　编：100084
　　社 总 机：010-62770175　　　　　　　　　邮　购：010-62786544
　　投稿与读者服务：010-62776969，c-service@tup.tsinghua.edu.cn
　　质量反馈：010-62772015，zhiliang@tup.tsinghua.edu.cn

印 装 者：三河市铭诚印务有限公司
经　　销：全国新华书店
开　　本：170mm×230mm　　印　张：13.5　　字　数：219 千字
版　　次：2021 年 3 月第 1 版　　　　　　印　次：2021 年 3 月第 1 次印刷
定　　价：59.00 元

产品编号：080317-01

写作目的

现今，计算机已广泛应用于人们的生活和学习中，大有无孔不入之势，人人都想成为计算机高手。但计算机知识体系庞大，分支众多，犹如错综复杂的迷宫，对初学者来说，不易找到入口，也不易找到出口。在关于计算机知识的日常沟通交流中，有很多人会犯常识性和概念性的错误。

天下难事必作于易，天下大事必作于细。Windows 操作系统是用户使用计算机时首先会接触到的，因此是学习和了解计算机的首选内容。在学习计算机编程的过程中，很多同学由于对操作系统的基本概念不熟而举步维艰，始终浮于表面。

老子有言："合抱之木，生于毫末；九层之台，起于累土；千里之行，始于足下。"如果说浩瀚的计算机知识是"合抱之木"，本书就是生此木的"毫末"；如果强大的计算机网络技术是"九层之台"，本书就是起此之台的"累土"；如果 21世纪所要求的信息技术能力是"千里之行"，那么本书就是开始这个千里之行的"足下"。

有人觉得，会使用 Windows 就可以了，为什么还要专门学习呢？其实，知其然和知其所以然是不一样的。本书作为一本计算机入门基础教程，不但讲述了如何使用 Windows，还会深入浅出地介绍其背后涉及的简单原理。

本书并不是专业技术书籍，而是针对青少年和儿童的科普性读物。因此，不会要求读者掌握操作系统底层的技术细节和算法实现，只需知道 Windows 操作系统的基本原理、有哪些基本功能、如何操作，以及在以后的编程学习中如何调用操作系统的相关功能。

本书结构

本书的第 1 章描述了什么是操作系统，它有接待员和管家婆的双重身份。第 2 章介绍了如何使用控制面板进行计算机资源的管理。第 3 章通过一些简单的操作进行用户界面的管理和控制，如设置个性化的屏幕、获取系统信息、获取帮助信息、退出程序和系统。这些是解决 Windows 操作系统常见问题的初步技能。

第 4 章～第 10 章，分别以 Windows 为例介绍操作系统的资源管理功能，包括文件管理、用户和组管理、网络配置管理、设备管理、存储管理、注册表管理和进程管理。其中，在进程管理中，本书为读者深入讲解了几个有趣的批处理程序。这些实例程序，可以方便地从清华大学出版社的网上学习资源中获取，供读者运行探索。

每一章的内容都会回答"是什么""为什么""怎么做"这几个问题。读者可以从概念出发，去理解和操作实践，也可以从操作实践出发，进一步加深对概念的理解。

本书特点

本书对计算机软硬件环境的要求非常简单，只要拥有一台计算机，安装好 Windows 操作系统（Windows 7 或 Windows 10 等，书中的内容在其他版本的 Windows 操作系统上可能存在外观或位置的差别），便可以完成本书的一切操作。本书提供的批处理程序案例可以通过扫描本书封底的二维码获取。这些案例不需要额外的语言编译环境，在 Windows 环境下便可运行。

在本书基本概念的阐述中，使用了许多读者易于理解的比喻和故事；本书还采用了许多对话式讲解，将读者可能的疑问和回答表现出来；本书在每章后都有与本章内容相关的延伸阅读，用以激发读者对计算机的兴趣。本书提供的计算机常见操作，都是在以后编程学习过程中常用的操作方式，也是编程实践的基础。

适合读者

先说一下本书不适合哪些人吧。如果您已经是计算机开发的高手，那么本书是不适合您的，因为在高手眼里，本书的内容太过简单。除此以外的大多数读者，本书都适合。

本书尤其适合广大青少年在计算机入门学习时使用。年龄较小的学生，需在家长的辅导下学习。

致谢

首先感谢我的父母，是他们的持续鼓励和默默支撑，使我能够长时间专注于计算机相关知识的科普写作。其次，要感谢我的妻子和孩子，温暖的家庭生活是我持续奋斗的原动力。尤其要感谢的是何家欢女士，她的配图构思不仅折射出对计算机操作系统的深刻理解，而且体现了她在生活中乐观和幽默的特质，我非常享受和何女士默契合作的过程。我还要感谢清华大学出版社的王莉女士，她对本书精益求精的工作精神，令我佩服，感谢她充分为读者考虑和持续付出的精神。最后，感谢所有的读者朋友，你们的持续关注是原创作者最大的动力。

由于作者水平有限，书中难免存在疏漏和错误之处，敬请批评指正！

王振世

2020 年 12 月

目 录

第1章

接待员和管家婆——计算机操作系统概述

打开计算机，首先接触到的就是计算机的操作系统。很多初识计算机的青少年朋友，拿着鼠标点开游戏，并没有意识到操作系统在支撑游戏运行中所起的作用。其实，操作系统的基本知识和操作，是所有计算机软硬件知识和编程知识的基础。本章就带领读者了解操作系统的概念、功能和作用。

本章我们将学会

- 操作系统的两个重要角色：用户界面和资源管理。
- 3 种用户界面：图形用户界面、命令行用户界面和程序用户界面。
- 计算机中重要的硬件资源和软件资源。
- 操作系统的简单发展历程。

1.1 操作系统的一个重任，两个角色

电小白第一次知道有操作系统（Operating System，OS）这个词，是在用计算机玩游戏很长时间以后。当时电小白很不理解运行的游戏程序和操作系统程序之间的界限在哪里，觉得很抽象。

自从电小白自己安装了一次 Windows 操作系统后，才明白了两点：① 操作系统是直接运行在裸机（没有安装任何软件的计算机硬件）上的系统软件；② 尽管初级玩家并没有在意它的存在，但任何应用软件的运行离不开它的支持。

在电小白和计算机硬件之间，始终有一个"操作系统"横在中间。

电小白："清青老师，我感觉操作系统是存在的，但说不清楚它到底是什么。"

清青老师告诉电小白："很多刚开始学习计算机的人都说不清楚操作系统是什么。但我们只要记住操作系统有'一个重任，两个角色'就可以了。"

"一个重任？"电小白迫不及待地想了解一个重任到底是什么。

"'一个重任'是指操作系统担负着用户和计算机软硬件之间的交互的重任，"清青老师告诉电小白，"操作系统有时候就是生意双方（用户和计算机软硬件）的中介，所有的交易细节都要经过它，它的粗暴干涉让人不悦；可有时操作系统又像湍急河流两岸间的桥梁（如图1-1所示），用户和计算机软硬件之间的交流全靠它，它的默默奉献让人获得便利。"

"那么，两个角色又是什么？"电小白接着问道。

清青老师："两个主要的角色是接待员和管家婆。"

"有点意思了，愿闻其详。"电小白说。

"操作系统的接待员角色，就是用户使用计算机系统的操作界面。这个接待员的出现，屏蔽了计算机系统内部的复杂性，使用户很容易操作计算机，而无须了解计算机内部复杂的细节。"清青老师继续说。

清青老师停顿了一下，接着说："操作系统的管家婆角色，是负责管理计算机系统内部各种资源的。这些资源，一般用户可以不了解，但计算机系统必须能够有效调度。"

图 1-1　操作系统是用户和软硬件之间沟通的桥梁

"这样的操作系统形象比较可爱，我喜欢！"电小白说。

"不管你喜欢还是不喜欢操作系统，它就在那里，不知疲倦地完成着它的使命。"清青老师笑着说。

1.1.1　两个角色：接待员和管家婆

大家都有去饭店点菜的经历。我们只需要告诉服务员点什么菜即可，至于菜是从哪里买来的，放了哪些调料，师傅是用哪个锅炒的，老板允许哪些人进厨房，允许哪些人收银，要求哪些人给你擦桌子，我们从不关心。我们只关心菜上得快不快，味道好不好。

也就是说，饭店也存在至少两个关键角色：接待员和管家婆。接待员是负责接待客户的服务员，对客户屏蔽了饭菜准备过程和饭店经营过程的复杂性，给客户提供了用餐的便利性；管家婆则是管理厨房运作的老板，她负责调度厨房内部的人力资源、食材资源，管理上菜进度和财务流水等，如图 1-2 所示。

虽然有些饭店提供了透明厨房，进一步给客户提供了内部运作的细节，但这是饭店系统的高级设置，并不意味着很多人真的会去了解。如同计算机操作系统里有很多高级设置，但一般人很少去探索一样。

图 1-2　饭店的操作系统

1.1.2　屏蔽内部业务运行的复杂性

很多人都有去银行办理业务的经历。银行给用户提供的选择有多种，你可以去营业员那里办理业务，也可以在自助银行办理。你只需要告诉营业员你是存钱还是取钱，存多少，取多少；或者你在自助机上选择相应功能，按提示进行操作即可。至于银行里的钱是哪个客户存入的，钱放在哪个金库里，是由哪个运钞车运到营业厅的，你完全不用了解。也就是说，银行给用户提供了便利的业务操作界面，同时屏蔽了内部业务运行的复杂性，如图 1-3 所示。

图 1-3　屏蔽内部业务运行的复杂性

1.1.3 知识一点通：计算机的操作系统

计算机的操作系统给用户提供了与计算机硬件之间的接口，屏蔽了计算机内部运行的复杂性，如图1-4所示。从这个角度来看，操作系统更像计算机的接待员，它负责接待用户，提供了用户与计算机的交互接口。用户必须通过这个接待员才能与计算机打交道。

图1-4 操作系统的接待员和管家婆角色

计算机系统经常会运行一些程序或提供一些服务，如同饭店内部也要进行运营管理一样。从这个角度来看，操作系统是计算机的管家婆，它负责管理计算机的硬件资源和软件资源，合理地组织计算机的工作流程，协调计算机内部硬件和软件之间、计算机与用户之间，以及多个用户之间的关系。

总之，提供用户界面和进行计算机资源的管理是任何操作系统最重要的两个角色，其屏蔽了计算机内部的软硬件资源的复杂性，逻辑结构如图1-5所示。

图1-5 计算机操作系统的逻辑结构

5

1.2 操作系统是怎么接待用户的

出于复杂性和安全性的考虑，用户不能直接操作计算机的底层硬件和系统软件。这就需要操作系统提供用户界面，从而方便用户的使用，同时提升系统的安全性。

1.2.1 知识一点通：用户界面

操作系统的接待工作应该让用户感到便利、直观、使用方便。操作系统的"接待大厅"，也可以叫作用户接口或者用户界面（User Interface，UI），是计算机系统和用户进行人机交互及信息交换的场所。一方面，用户通过这个场所向计算机提交自己的使用请求；另一方面，计算机通过这个场所向用户提供自己的资源和服务。

多数人不懂计算机的内部世界，人们的复杂心思计算机也不会了解，但用户接口却实现了计算机内部世界和人们复杂想法之间的转换。

操作系统的用户界面有 3 种：图形用户界面（Graphic User Interface，GUI）、命令行用户界面（cmd、Command）和程序用户界面。

操作系统的接待大厅究竟是什么样子的？操作系统又是通过哪些方式来接待用户的呢？

清青老师："操作系统就是用来对系统进行操作的。"

电小白："我怎么使用计算机的操作系统呢？"

清青老师："这里有 3 种方法（见图 1-6）。首先，常用的方法是用鼠标在计算机桌面的图标上点来点去，此时使用的是图形界面。"

电小白："那还有什么方法呢？"

清青老师："还有就是使用命令来和计算机交互了，你输入一个个命令，计算机按照你的指令执行。但并不是所有的命令，计算机都回答'Yes，sir'。"

电小白："什么情况下计算机说'No'呢？"

清青老师："对待错误的指令，以及没有描述清楚的指令，它直接告诉你错误，并拒绝执行你的指令。"

电小白："还有一种使用操作系统的方法是什么呢？"

清青老师："使用程序来调动操作系统的功能！"

图1-6 操作系统的3种接待方式

操作系统的用户界面，如同用户和计算机系统复杂硬件之间的桥梁，二者的交流全靠它，没有它的默默奉献，用户对计算机的操作将无从下手。

1.2.2 图形用户界面

窗含西岭千秋雪，门泊东吴万里船。——杜甫

这里的"窗"相当于Windows的视窗系统。"西岭千秋雪"一样可以包含在这个"窗"里。当年杜甫之言，在Windows的视窗系统中也没有落虚，完全可以实现。

接待大厅最常见的一种方式就是所谓的图形用户界面。成功启动Windows系统后，如图1-7所示的计算机桌面就是图形用户界面。这种界面直观，操作简单，使用方便。

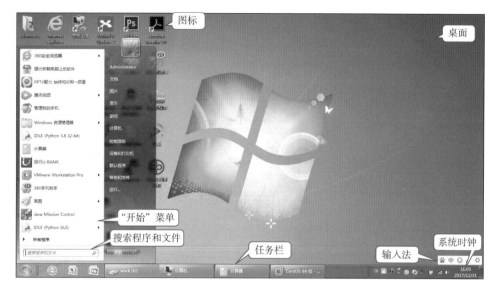

（a）Windows 7 桌面示例

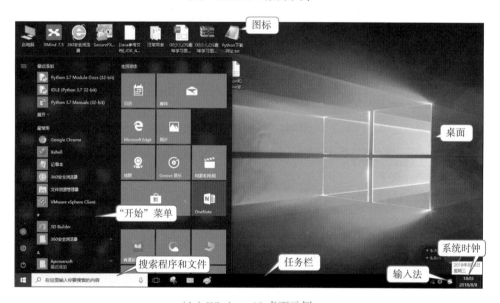

（b）Windows 10 桌面示例

图 1-7　Windows 操作系统的图形用户界面

为了成为计算机达人，需要熟练掌握图形用户界面的鼠标操作"三板斧"。这"三板斧"就是单击（按一下鼠标左键选中一个菜单项）、双击（连续按两下鼠标左键，打开一个文件或执行一个命令）和右击（按一下鼠标右键，弹出快捷菜单）。赶快在桌面上或者文件系统中选中一个图标，反复练习，看看会有哪些可能的操作吧。

在 Windows 操作系统里，想要运行一个程序，这个接待大厅往往给提供了很多种方式：可以在桌面上创建快捷方式，然后双击桌面上的图标；也可以使用"开始"菜单，单击对应的程序菜单项；还可以把它锁定到任务栏上，单击相应的图标。这是运行 Windows 应用程序的常用入口。

计算机桌面类似于办公室里的办公桌，如图 1-8 所示。常用的工具可以直接放在桌面上便于使用。每个工具可以完成不同的功能，如运行程序、打开文档、进行系统设置、打开浏览器上网等。很多常用的文件，我们都可以通过创建桌面快捷方式，把它放在桌面上。

图 1-8　计算机桌面

1.2.3　命令行用户界面

在配置和维护计算机时，经常需要反复进行同样一个或一组操作，如果使用图形用户界面，每次都需要用鼠标操作，比较烦琐。如果把针对计算机的配置和维护操作做成一组命令，一次运行，可以代替多次图形用户界面的操作，这样就简化了配置和维护计算机的操作动作。

另外，如果一个人需要维护几千台计算机，逐个进行图形用户界面的操作更是海量工作。在这种情况下，他也可以把针对这些计算机的配置和维护操作做成一组命令，生成一个程序，只要用户运行一次，就可以完成这个工作。

此外，Windows 操作系统的图形用户界面随版本经常变化，但是常用命令变化较小，具有很好的稳定性。

因此，命令行用户界面在批量计算机配置和维护场景中应用比较多。我们有必要了解一下常用配置和操作的命令。

在 Windows 桌面左下方的"搜索程序和文件"处输入"cmd"命令，就启动了操作系统的另一种形式的接待大厅——命令行界面，如图 1-9 所示。

图 1-9　Windows 操作系统的命令行界面

在命令行界面的提示符下输入"calc"，然后按 Enter 键，大家看弹出来了什么？对了，是 Windows 操作系统里的"计算器"程序，如图 1-10 所示。calc是英文 calculator 的缩写。

在命令行界面的提示符下输入"mspaint"命令，按 Enter 键后，出来的是"画图"程序；输入"Notepad"命令，运行的是"记事本"程序。

在命令行界面下，还可以运行很多命令，在后面还会介绍很多重点命令。这里想告诉大家的是，像"计算器""画图""记事本"等很多操作系统自有的工具，也可以在 Windows 7 的"开始"菜单→"所有程序"→"附件"或Windows 10 的"开始"菜单→"Windows 附件"中找到。如果设置了桌面快捷方式，在桌面上也可以找到。或者，可以在相应工具的右键属性里设置快捷键，使用快捷键的方式打开。也就是说，可以用很多不同的方式打开同一个操作系统的工具。

（a）Windows 7 中的计算器　　　　　　（b）Windows 10 中的计算器

图 1-10　Windows操作系统的计算器

注意

　　为了能够编写 Windows 批处理程序，不仅应该学会使用图形用户界面，还需要学会使用命令行用户界面里的常见命令。

1.2.4　程序用户界面

　　计算机可以执行程序，程序就是一组需要计算机完成的操作指令。高级玩家可以编写程序，通过操作系统提供的接口，来调用操作系统的功能和计算机硬件的能力。操作系统给程序编写人员提供的接口就是程序用户界面，也可以称为程序接口或系统调用。

在图形用户界面、命令行用户界面里，用户可以直接与操作系统交互，而在程序用户界面里，用户与操作系统的交互必须通过程序来完成。这个程序可以是汇编语言，也可以是各种系统程序和应用程序。程序通过操作系统提供给编程人员的接口来调用操作系统的功能，请求操作系统提供服务。

如果用户想调用与计算机相连的摄像头和打印机，用户可以通过编写程序，完成对这些外部设备的请求动作；如果用户想进行文件的增、删、改、查，也可以通过编写程序，调用相应的操作系统功能来完成。

1.3　计算机系统的家当

有的人说："只有文化才能生生不息。"说这话的人，强调了软件资源对组织的重要性。还有的人说："土地才是根本。"说这话的人，强调了硬件资源对组织的重要性。其实，任何一个组织和系统都应该有硬件资源和软件资源，二者都很重要。

计算机系统当然也不例外，它也包括硬件资源和软件资源，如图 1-11 所示。操作系统的一个重要功能就是组织、调度和管理这些资源，以便计算机可以高效地执行任务。

图 1-11　计算机系统的家当

1.3.1 硬件资源

我们先谈谈计算机的硬件资源。

计算机当然是用来计算的，其核心必然有运算器。运算器用于对数据进行数学运算或者逻辑运算。现在的计算机和手机里都有计算器，我们可以用它来进行数学运算。不过这里所说的运算器，可不是指面向用户的软件功能，而是计算机内部的硬件计算单元集成在 CPU（Central Processing Unit，中央处理单元）里。

运算器是计算机里负责脑力劳动的员工，但是干什么并不是它说了算，而是一个叫作控制器的部件说了算。控制器是计算机中控制执行指令的部件，是计算机里的核心管理者，肩负着管理职能，它保证按一定逻辑分析一条指令，保证指令按规定序列自动连续地执行，并且及时响应和处理各种异常情况和请求。控制器也是集成在 CPU 里。

CPU 看起来很小，但却是一块超大规模的集成电路，如图 1-12 所示。有兴趣的读者可以"解剖"一下计算机，找到 CPU 看一下。CPU 包含运算器和控制器，是一台计算机的运算核心和控制核心。它的功能主要是解释计算机指令，以及处理计算机软件中的数据。CPU 的一个很重要的性能指标是主频（时钟频率），单位一般是 MHz 或者 GHz（1GHz=1024MHz），它和计算机的运算及处理数据的速度相关，主频越高，CPU 性能往往越好。

图 1-12　计算机 CPU 示意图

工厂里的东西多了需要找一个库房存放。那么计算机里那么多程序和数据放在什么地方呢？有的朋友脑海里闪现出一个词——硬盘。对，硬盘，用计算机的术语来说，是外部存储器（外存、辅助存储器）。

有"外存"，就有"内存"。内存，也叫内部存储器，或者主存储器。内存和 CPU 的组合，可称为主机。内存紧密团结在 CPU 周围，其运行速度快，可惜容量小。容量不足时，可以求助外存（硬盘）。外存虽然离核心（CPU）远，运行速度慢一些，但容量大，这是它的优点。内存和外存都是计算机的存储器，如图 1–13 所示，是计算机存放程序和数据的库房。存储器容量的大小一般用 GB 来表示，1GB=1024MB，数值越大，表示容量越大。

（a）内存　　　　　　　　　　　　（b）外存

图 1-13　存储器

计算机也要和外界打交道。我们用键盘给计算机输入各种指令，也经常用鼠标在界面上点来点去，还有的朋友把摄像头、录音装置、游戏杆接到计算机上，这些都是计算机的输入设备（Input Device）。我们通过计算机屏幕看电影，通过耳机听歌曲，这些是计算机的输出设备（Output Device）。输入 / 输出设备（I/O Device）位于计算机的主机之外，是计算机与外界交换信息的媒介。

综上所述，CPU（包括运算器和控制器）、存储器（包括内存和外存）、输入 / 输出设备是计算机系统的主要硬件资源，如图 1–14 所示。所谓计算机操作系统的硬件资源管理，主要就是针对这些资源的管理。

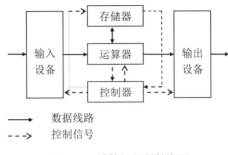

图 1-14 计算机的硬件资源

在图 1-14 中，计算机从输入设备获取指令，运算器在控制器控制下进行计算和分析，由输出设备给出结果。运算器需要时刻读取存储器里的数据，也要往存储器里写入数据。运算器、存储器、输入 / 输出设备等需要在控制器发送的控制信号的指导下完成自己的工作。

1.3.2 软件资源

打开任何一个运行状态良好的计算机系统，我们可以在桌面上或者"开始"菜单处看到系统中已经安装好的各种软件。这些软件有着特定的功能和用途，是可以让计算机软硬件完成特定功能的指令序列。

计算机的软件资源通常可分为两类：系统软件和应用软件。

1. 系统软件

大家听说过编程语言吧，如 C、Java、VB、VC、Python 等，这些都是专业人员用来开发应用程序的工具和环境。如果需要维护和存储大量结构化数据，我们会安装相应的数据库软件，如 Sybase、Oracle、MySQL、Access 等。

程序开发语言、数据库软件、各种操作系统及其常用的软件工具，都可以叫作系统软件。

系统软件是管理、运行、维护及调用计算机系统功能和硬件功能的程序的集合，可以完成计算机硬件资源和软件资源的控制与管理。

2. 应用软件

很多人玩过计算机游戏，游戏软件就是为了满足人们娱乐需求的应用软件；

有的人经常处理文稿，需要在计算机里安装文字处理软件，如 WPS、Microsoft Word 等；有的人则需要处理各种图像和视频，需要使用 Photoshop（PS）或"爱剪辑"视频软件等。这些软件都是为了解决各种具体应用问题的专门软件，可以称为应用软件。

有些应用软件在各个行业均可使用，如文字处理软件、电子表格软件、图形图像软件，这些属于通用应用软件。

而有的应用软件，仅在某个行业使用，如电力系统的维护软件、通信系统的维护管理平台、金融行业的网上银行，这些软件属于行业定制应用软件。

1.4　操作系统的前世今生

操作系统并不是伴随着计算机的诞生出现的，而是在计算机的使用过程中，逐渐形成和完善起来的。计算机和操作系统的发展历程如图 1-15 所示。

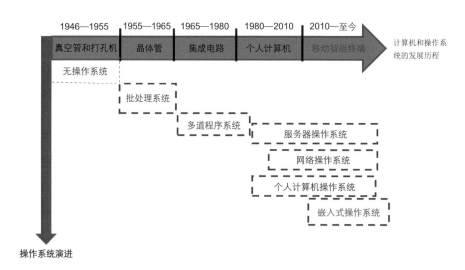

图 1-15　计算机和操作系统的发展历程

大家会觉得很奇怪，没有操作系统，人们怎么使用计算机呢？

事实上，自 1946 年第一台计算机诞生及以后的十年，用户和计算机硬件是直接交互的，这就是手工操作方式。你肯定会觉得，那个时候的人太厉害了，人工能够与计算机硬件交互，那得对计算机系统多么熟悉啊！

手工操作程序员使用计算机，采用 One by One 的方式，程序和数据用打孔纸带或卡片装入计算机，计算完毕，由打印机输出计算结果。这个时代的特点是计算机的 CPU 处理能力利用不充分，毕竟用户独占 CPU，彼时计算资源不是瓶颈，用户的使用操作是瓶颈，计算机的计算资源大量闲置的同时，很多用户却为了使用计算机，排队等了很久，如图 1-16 所示。

图 1-16　手工操作硬件时代

随着计算机运算速度的不断提升，手工操作的慢速度和计算机运算的快速度之间形成了巨大的反差。人们越来越无法容忍手工操作方式的低资源利用率，希望实现计算机运算任务（作业）的自动加载和完成。这样，批处理操作系统就应运而生了。

批处理操作系统需要在计算机上安装一个系统软件。在这个系统软件的控制下，计算机可以自动地、成批地处理多个用户的运算任务，完成多个用户交办的作业（程序、数据和命令）。但是，CPU 在一个时间段内只为一个作业服务。

随后的多道程序操作系统，允许多个程序同时进入计算机内存，在 CPU 中交替运行。多个程序可以共享系统中的各种硬、软件资源。当用户请求暂停一个程序后，CPU 会立即转去运行另一个程序。

20 世纪 80 年代以后，随着大规模集成电路工艺的飞速发展，计算机运算速度的大幅提升，迎来了个人计算机的时代。操作系统在此基础上，有了大的发展，如个人计算机操作系统、网络操作系统、嵌入式操作系统等。

个人计算机操作系统，由于是个人专用，功能会简单得多，但对提供方便友好的用户接口和丰富功能的文件系统要求非常高。Windows 是提供图形用户界面的典范，很好地匹配了个人计算机操作系统的需求。

网络操作系统是将地理上分散的、具有自治功能的多个计算机系统互联起来，实现信息交换、资源共享、多点协作的计算机操作系统。相对于个人计算机操作系统，网络操作系统增加了网络管理模块，其中包括通信、资源共享、系统安全和各种网络应用服务。Windows 的服务器版本、Linux 等操作系统，都可以作为网络操作系统来配置使用。

随着智能硬件及物联网的发展，计算机操作系统一定会适应这些方向的发展，涌现出更多的、匹配各种场景的新版本。

延伸阅读：比尔·盖茨和 Windows

微软公司在 1985 年年底和 1987 年分别推出 Windows 1.03 版和 Windows 2.0 版。但是，由于当时硬件和 DOS 操作系统的限制，这两个版本并不怎么成功。

此后，微软公司对 Windows 的内存管理、图形界面做了重大改进，使图形界面更加美观，并支持虚拟内存，于 1990 年 5 月推出 Windows 3.0 并一炮打响。

这个"千呼万唤始出来"的操作系统，一经面世，便在商业上取得惊人的成功。不到两个月，微软公司销出 50 万份 Windows 3.0 拷贝，打破了所有软件产品的月销售纪录，从而一举奠定了微软在操作系统上的垄断地位。

Windows 取得了惊人的商业成功，但它并不是横空出世的。起步时，微软公司也是这里"买"一点，那里"借"一点，自己再想一点，然后拼拼凑凑逐渐完善自己的产品。微软公司的 DOS 是从西雅图的工作室买来的，只花了 5 万美元。后来这家工作室找微软公司打官司，说被微软公司欺骗，自己的系统被严重低估。以乔布斯为首的苹果公司也指责微软公司抄袭他们的桌面系统。

微软公司一路披荆斩棘，走到今天，成就了比尔·盖茨的巨富之路。比尔·盖茨曾经总结道："我们绝大多数的竞争对手做得相当差。他们不知道如何引进具有商业才能和技术才能的人才，更不知道如何充分组织、结合这些人才的优势。他们也不知道如何在全世界范围内推广自己。"

第 2 章

Windows 系统的资源管理员——控制面板

操作系统有系统资源的管理职能，而控制面板是 Windows 操作系统的资源管理者。打开控制面板有多种方式。通过 Windows 的控制面板，可以进行计算机硬件资源管理和软件资源管理。

本章我们将学会

- 认识 Windows 的控制面板。
- 控制面板打开方式。
- 控制面板的硬件资源管理。
- 控制面板的软件资源管理。

电小白："我怎么管理系统资源呢？"

清青老师："通过控制面板啊。"

电小白："怎么打开呢？"

清青老师："打开控制面板的方法有很多，所谓条条大路通罗马。操作系统的常见功能总是给你提供很多途径打开，如"开始"菜单、桌面图标、搜索、命令行等。

2.1 打开控制面板

控制面板（Control Panel）是 Windows 系统的资源管理员，它允许用户使用图形界面的方式查看并修改系统的基本设置，添加、管理和删除硬件资源，添加、管理和删除软件资源。控制面板还可以管理和控制用户账户、进行网络配置和防火墙安全配置，以及设置系统外观、时钟、语言等辅助功能选项。

让我们熟悉一下 Windows 操作系统的控制面板，如图 2-1 所示。我们可以在控制面板里反复操作，熟悉一下这个 Windows 系统的资管员的职能。控制面板里的任何职能，可以通过图形界面去查找，也可以通过控制面板右上角的搜索栏去搜索。

在 Windows 系统里，有很多方法可以打开控制面板。下面介绍几种常见的方法。在计算机系统里打开其他系统工具所需要掌握的常用操作也与此类似。

2.1.1 "开始"菜单入口

单击"开始"菜单中的"控制面板"选项便可打开控制面板；也可以在"搜索程序和文件"处输入"控制面板"，然后双击打开控制面板，如图 2-2 所示。

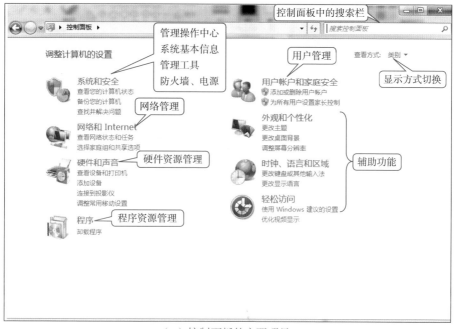

（a）控制面板的主要项目

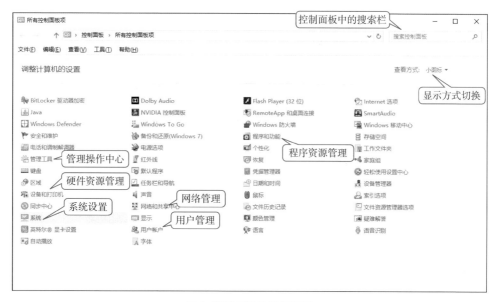

（b）控制面板的所有项目

图 2-1　Windows 系统的控制面板

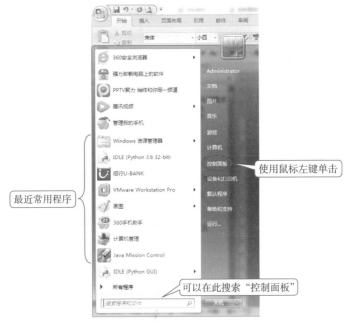

（a）Windows 7 "开始"菜单中的"控制面板"

（b）Windows 10 "开始"菜单中的"控制面板"

图 2-2　Windows 系统控制面板的打开方法

2.1.2　桌面"计算机"入口

通过桌面上的"计算机"图标（有的 Windows 版本是"我的电脑"或"此电脑"）打开控制面板的方法有两种，一是双击桌面上的"计算机"图标，在打开的窗口中选择"打开控制面板"选项，如图 2-3 所示（Windows 7 中的操作）；二是右击"计算机"或"此电脑"图标，在出现的快捷菜单中选择"属性"命令，然后在打开的属性窗口中单击左上角的"控制面板主页"选项，如图 2-4 所示（Windows 10 中的操作）。

图 2-3　通过"计算机"窗口打开控制面板

2.1.3　"命令行"入口

如果说通过图形界面打开控制面板属于普通用户的常见操作，但随着 Windows 版本的变更，图形界面入口会有所变化；那么通过命令行的方式打开控制面板，就属于比较稳定的操作手法了。按 Windows+R 快捷键，如图 2-5 所示，打开"运行"对话框，输入"cmd"命令，如图 2-6 所示，单击"确定"

按钮，打开 Windows 的命令行界面。

图 2-4　通过"计算机"属性窗口打开控制面板

图 2-5　按 Windows+R 快捷键

图 2-6　在"运行"对话框中输入"cmd"命令

　　在输入提示符后输入"control"，如图 2-7 所示，然后按 Enter 键，即可打开控制面板。这个操作方法是利用系统的核心控制命令来打开控制面板的。

图 2-7　在命令行输入"control"命令

2.1.4 "自定义快捷键"入口

如果能够通过自定义快捷键的方式打开控制面板，那操作效率会进一步提高。

首先，我们创建控制面板的桌面快捷方式，如图 2-8 所示。右击控制面板的桌面快捷方式，在弹出的快捷菜单中选择"属性"命令，如图 2-9 所示。打开快捷键设置的对话框后，将光标定位在"快捷键"设置一栏，按 Ctrl+Shift+C 组合键，然后单击"确定"按钮，如图 2-10 所示。之后每当我们需要打开控制面板时，直接在键盘上按 Ctrl+Shift+C 组合键即可。

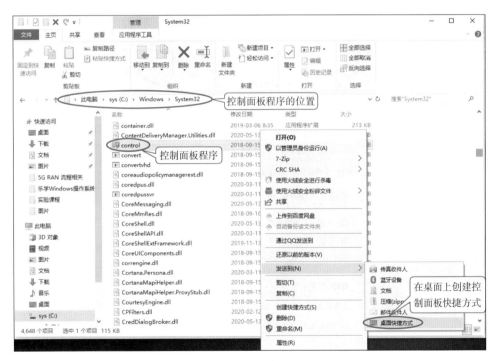

图 2-8　在桌面上创建控制面板快捷方式

控制面板的快捷键设置方式也适用于 Windows 操作系统的其他常用功能和工具，如"计算器""画板""记事本"等。

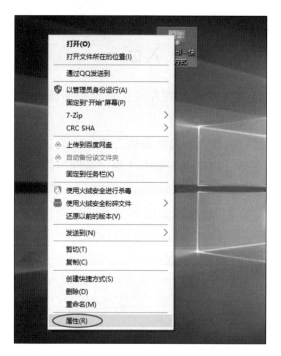

图 2-9 选择"属性"命令

图 2-10 快捷键设置

2.2　常用的资源管理

控制面板是计算机操作系统的资源管理者，它管理了计算机软、硬件系统的很多资源，如图 2-11 所示。

图 2-11　资源管理

2.2.1　硬件资源管理

控制面板可用来管理计算机的硬件资源，常用的比较重要的资源管理功能包括硬件设备、存储、CPU、输入/输出、网络连接等。

1．设备管理器

打开设备管理器的方法有：在控制面板的右上方搜索"设备管理器"；或者在控制面板中选择"系统和安全"→"管理工具"→"计算机管理"选项，如图 2-12 所示，再在打开的窗口中选择"计算机管理"→"系统工具"→"设备管理器"选项；或者在控制面板的所有项目中，直接找到"设备管理器"选项。

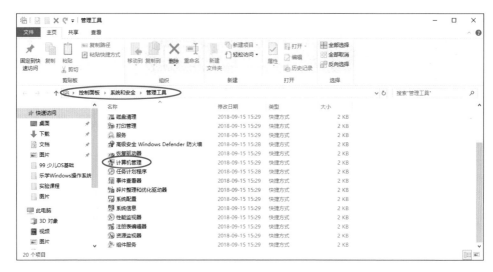

图 2-12　控制面板中"计算机管理"的位置

　　如图 2-13 所示，在设备管理器中能够看到计算机系统所有的硬件资源。在这里，你可以扫描和检测每个硬件的变化情况，也可以为每个硬件更新驱动程序。选中某个硬件，单击鼠标右键，在弹出的快捷菜单中选择"属性"命令，在弹出的对话框中可以看到这个硬件是否正常运行，以及驱动程序的详细情况。

图 2-13　控制面板中"设备管理器"的位置

我们注意到，设备管理器中包含了输入 / 输出设备的管理，如监视器、键盘、图像设备等。

2. 存储管理

在控制面板的右上方搜索"存储"，或在图 2-13 中选择"计算机管理"→"存储"→"磁盘管理"选项，即可进行存储管理，如图 2-14 所示。

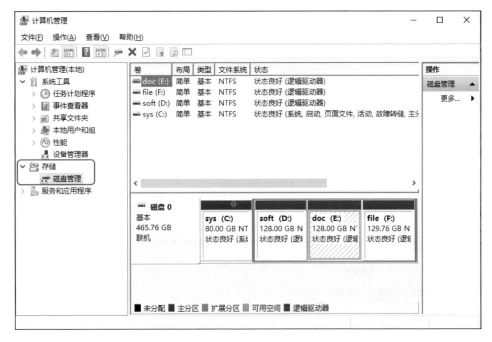

图 2-14　控制面板的"磁盘管理"

在使用计算机系统时，经常需要给自己的硬盘重新分区，但是重新分区后，原来存储在硬盘上的文件和数据就找不回来了。所以，磁盘管理是管理硬盘和分区的非常实用的系统工具，但使用时一定要注意别把有用的数据给弄丢了。

新硬盘将显示为"未初始化"，在使用前必须先进行初始化。如果在添加硬盘后，启动磁盘管理，则会显示初始化磁盘向导，以引导你初始化该磁盘。你可以创建新的卷（硬盘分区），以及使用 FAT、FAT32 或 NTFS 文件系统格式化卷。

与磁盘管理相关的多数配置的更改，无须重新启动计算机系统，也无须中断用户操作，便可立即生效。

3. CPU 管理

在控制面板的右上方搜索 CPU,可以得到如图 2-15 所示的界面,通过单击"系统"→"检查处理器速度"选项,可以看到如图 2-16 所示的 CPU 主频信息。

(a)Windows 7 搜索 CPU 的结果

(b)Windows 10 搜索 CPU 的结果

图 2-15　在控制面板中搜索 CPU

在控制面板中选择"系统和安全"→"管理工具"选项,在打开的窗口中右击"性能监视器"选项,如图 2-17 所示,在弹出的快捷菜单中选择"属性"

命令，在弹出的对话框中可以添加需要监视的"计数器"，如图 2-18 所示。我们这里添加的计数器是"处理器时间"（Processor Time），可以定制显示曲线的颜色和比例，然后单击"确定"按钮，便可以出现如图 2-19 所示的 CPU 处理器的性能监视画面。

图 2-16　CPU 主频信息

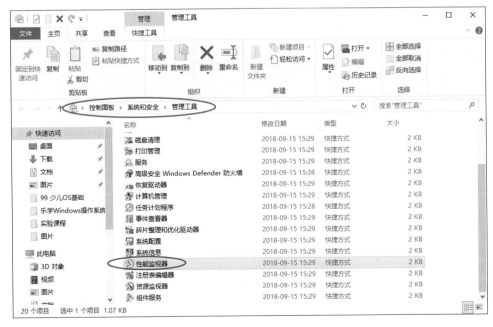

图 2-17　管理工具

图 2-18　性能监视器属性设置

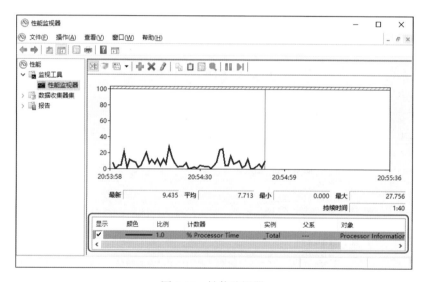

图 2-19　性能监视器

在 Windows 10 的任务管理器中，可以查看系统资源使用情况。只需选择"性能"选项卡，如图 2–20 所示，便可以看到 CPU、内存、磁盘以及网络的资源占用情况。

4. 网络管理

在控制面板中选择"网络和 Internet"选项，便可进入网络管理页面，如

图 2-21 所示。在这里，我们可以看到"查看网络状态和任务""连接到网络""查看网络计算机和设备"等功能项，建议大家分别进行查看，以熟悉操作系统的网络资源管理能力。

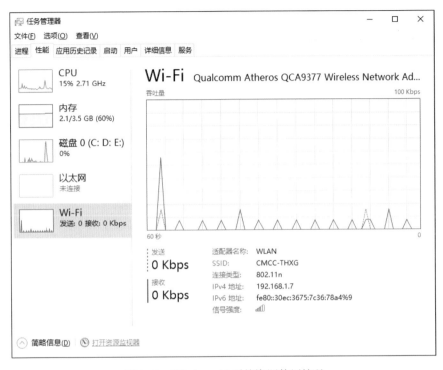

图 2-20　Windows 10 系统资源使用情况

图 2-21　网络配置管理

2.2.2 软件资源管理

操作系统的软件资源管理包括各种应用软件管理，系统软件的功能、组件、服务、工具管理，进程（进行中的程序）的管理和文件系统管理等。

1. 应用软件管理

在控制面板里单击"程序"选项，进入如图 2-22 所示的窗口，可以看到这是一个管理计算机系统内的软件资源的工具。我们先看应用程序的管理，单击"程序和功能"选项，在打开的窗口中可以选中一个应用程序，进行卸载或更改，如图 2-23 所示。

图 2-22　程序资源管理

图 2-23　应用程序管理

2．Windows 功能管理

选择控制面板中的"程序"→"程序和功能"→"打开或关闭 Windows 功能"选项，打开"Windows 功能"对话框，在这里可以打开或关闭 Windows 的系统功能，如图 2-24 所示。

图 2-24　Windows 功能

3．系统组件和服务管理

打开控制面板，选择"系统和安全"→"管理工具"选项，在打开的窗口中双击"组件服务"选项，即可打开"组件服务"窗口，如图 2-25 所示。通过该窗口，可以启动、停止或禁用 Windows 的系统组件或服务。

4．进程管理

所谓进程，就是进行中的程序。

我们经常需要了解计算机系统正在运行着哪些程序和服务；有时，也会碰到一些非常棘手的问题，如一些恶意软件怎么关都关不掉。

使用任务管理器可以解决这个问题。任务管理器可以显示计算机上正在运行的程序、进程和服务，并且可以关闭没有响应的程序，如一些恶意软件的进程。当然，任务管理器也可以监视计算机的性能。

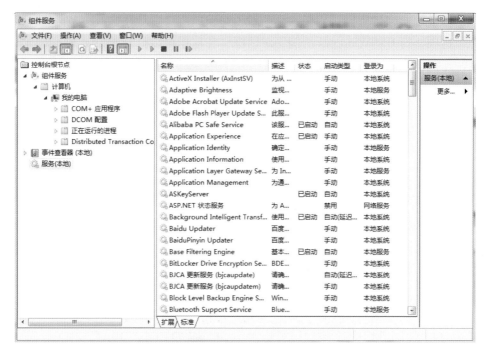

图 2-25　Windows 组件和服务

在控制面板中搜索"任务管理器"，在搜索结果中单击"任务管理器"选项，如图 2-26 所示，即可打开任务管理器，如图 2-27 所示。

图 2-26　在控制面板里搜索任务管理器

（a）Windows 7 任务管理器

（b）Windows 10 任务管理器

图 2-27 Windows 的任务管理器

5. 文件管理

在计算机硬盘（外存）上，保存着大量的程序、数据、文档、图片及音频等信息，这些信息无一例外以文件的形式保存着。当这些文件需要处理时，才被调入内存中，处理完毕后，仍然遣送回外存中。

使用 Windows+E 快捷键，或者直接在"开始"菜单的搜索栏中输入"Explorer"，就能打开如图 2-28 所示的 Windows 文件资源管理器。双击盘符或者文件夹，均可以展开该目录下所有的子文件夹和文件。

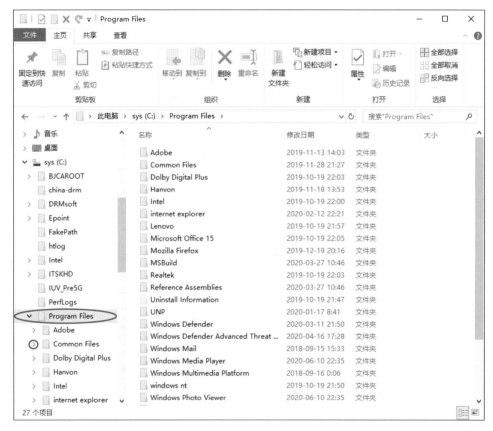

图 2-28　Windows 的文件资源管理

在控制面板的搜索栏中输入"文件"两字进行搜索，可以得到关于"文件"和"文件夹"高级定制的设置项目，如图 2-29 所示。大家可以逐个打开，逐个设置，看看如何影响文件夹和文件在系统中的呈现。

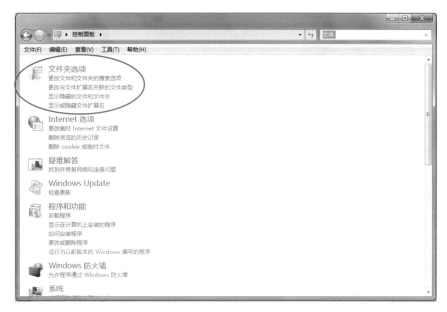

（a）Windows 7 的文件和文件夹设置选项

（b）Windows 10 的文件和文件夹设置选项

图 2-29　控制面板中文件和文件夹的设置选项

延伸阅读：语音识别在操作系统中的应用

有很多朋友习惯于动嘴，不想动手。有没有一种可能，动动嘴就打开"控制面板"，动动嘴就查看了"设备管理"，或者动动嘴就关闭了操作系统提供的"远程共享服务"？

早在 20 世纪 50 年代，贝尔实验室就开始进行语音识别的研究。20 世纪 80 年代，语音识别研究的重点已经开始逐渐转向大词汇量、非特定人连续语音识别。到了 20 世纪 90 年代以后，语音识别并没有什么重大突破，直到大数据与深度神经网络时代的到来，语音识别技术才取得了突飞猛进的发展。

在人工智能飞速发展的今天，语音识别技术开始成为很多设备的标配。例如，若司机在行驶的汽车上需要使用手机或计算机，用手来控制显然非常危险。但是司机可以边开车边说话的，因此语音识别在车联网上会得到广泛的使用。

智能语音识别控制技术已经广泛应用在手机、机器人、地图导航、天猫、云米等方面，微软小娜也实现了在 Windows 操作系统中使用语音识别技术。因此，最终通过语音实现操作人机用户界面、管理系统软硬件资源是完全可能的。

第 3 章
玩转你的个性——用户界面管理

不同版本的 Windows 操作系统，用户界面会有一些不同；即使是同一个版本的 Windows 操作系统，用户界面也可以各具特色。因此大家在使用 Windows 图形用户界面时，要关注的是其实现的功能，而不是外观。本章给大家介绍定制 Windows 用户界面的方法、通过用户界面来获取系统信息和帮助信息的方法以及完成系统注销、关机和重启的方法。

本章我们将学会

- 系统屏幕显示可以定制。
- 查看 Windows 的版本、CPU、内存等信息。
- 获取 Windows 下的帮助信息。
- 注销、关机和重启。

质胜文则野，文胜质则史。文质彬彬，然后君子。——孔子

电小白在刚开始使用计算机时，系统给他呈现什么样子，他就接受什么样子，很少能够想到，屏幕的样子可以跟着他的心走。

突然有一天，电小白看到周边高手的屏幕显示和自己的不一样，非常有个性，他内心感到惊奇，又不好意思问，怕别人露出鄙夷的神情，让自己没有颜面，只好偷偷地去学，去琢磨。

"我怎么就不会把计算机设置得漂亮一些呢？"电小白心里想。

清青老师："现在主流操作系统的所有屏幕显示都是可以定制的。图形用户界面可以定制，命令行用户界面可以定制，当然也可以通过操作系统提供的程序用户界面，使用编程语言来设置屏幕显示（见图 3-1）。"

图 3-1　屏幕设置

"不仅如此，所有的系统信息都可以通过三种用户界面的方式去获取。我们也可以配置操作系统，让它适应我们程序的应用场景。"清青老师接着说。

电小白："太神奇了！清青老师，你赶快教教我吧。"

3.1　屏幕显示如何个性化

大多数用户使用的计算机用户界面都是操作系统提供的默认界面。但是对于一些有特殊习惯的人来说，例如喜欢用左手的人、偏爱某种色调的人，默认的界面就不是很友好了。因此，Windows 操作系统为用户提供了个性化的图形界面和命令行界面。

3.1.1 Windows 的个性化设置

在桌面的空白处单击鼠标右键，找到"个性化"的设置，便可以对计算机办公桌面进行一些装饰，如图 3-2 所示（Windows 7 和 Windows 10 界面外观不一样，但功能类似）。大家可以随心所欲地尝试一下桌面背景的更改、鼠标形状的更改、窗口颜色的更改等。

（a）Windows 7 个性化示例

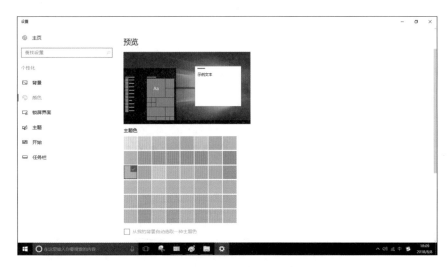

（b）Windows 10 个性化示例

图 3-2　Windows 桌面的个性化设置

　　任务栏通常位于桌面的最底部，不过它的大小和位置是可以更改的。如果哪一天看到有的朋友的任务栏跑到了桌面的右侧，不要感到奇怪，那可能是他自己设置的结果。在任务栏的空白处单击鼠标右键，在弹出的快捷键菜单中找到"属性"或者"任务栏设置"，便可以设置屏幕上任务栏的位置，如图3-3所示。

（a）Windows 7 任务栏设置

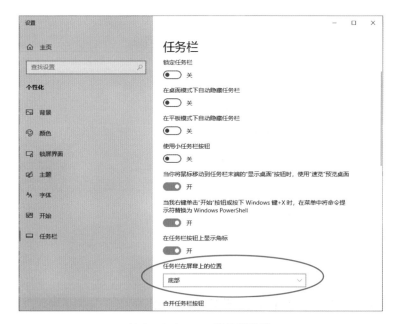

（b）Windows 10 任务栏设置

图 3-3　Windows 任务栏的个性化设置

3.1.2 不一样的屏幕色彩

用图形界面的方式进行 Windows 个性化设置，每次设置都需要重复进行。如果把这些设置用命令行的方式进行处理，然后保存在一个批处理程序中（将在第 10 章中介绍），以后便可以一键式进行类似设置。

进入 Windows 的命令行用户界面，大家看到的是中规中矩的、默认的黑底白字屏幕。我们想要有所突破，有所改变。例如，我们想将它完全反过来，设置成白底黑字，如图 3-4 所示。

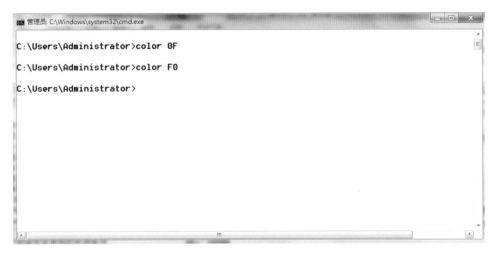

```
管理员: C:\Windows\system32\cmd.exe

C:\Users\Administrator>color 0F

C:\Users\Administrator>color F0

C:\Users\Administrator>
```

图 3-4 白底黑字屏幕

这里的 color 命令就是用来设置显示屏幕的背景颜色和字体颜色的。color F0 是白底黑字，color 0F 是黑底白字。

color 命令的使用方式如下。

color [颜色属性]

颜色属性是由两个十六进制数确定的，第一个是背景颜色，第二个则是字体颜色。每个十六进制代表的颜色如表 3-1 所示。大家可以试一下 color 74 的效果，白底红字的效果你是否可以接受？

表 3-1　Windows 命令行 color 属性设置

属 性 值	颜　色	属 性 值	颜　色
0	黑色	8	灰色
1	蓝色	9	淡蓝色
2	绿色	A	淡绿色
3	浅绿色	B	淡浅绿色
4	红色	C	淡红色
5	紫色	D	淡紫色
6	黄色	E	淡黄色
7	白色	F	亮白色

如果不指定任何颜色属性，直接输入 color 命令会是什么结果？这时，会返回到命令行用户界面的默认设置。

这里要提示大家，Windows 命令行是不区分大小写的。也就是说，对于所有命令，将它写成大写、小写，或是大小写混用，效果是一样的。在这里，Color、color、COLOR、COLor，使用的效果是一样的，大家可以试一下。

3.2　系统信息的获取设置方式

假如有人问你，你的计算机的主机名是什么？我要在网络上找你的计算机，如图 3-5 所示。你的 CPU 主频是多少、内存是多少？我看看你的配置高低，是否可以达到软件运行的要求。操作系统版本是什么？我看看软件环境是否符合要求。

你都不好意思说不知道！因为这些信息都属于计算机系统的基本信息，对于维护计算机系统、优化计算机系统，以及安装计算机软件环境非常有价值。

那么我们该怎么快速地获取这些信息呢？

在 Windows 里，右击"计算机"或"此电脑"图标，在弹出的快捷菜单中选择"属性"命令，便可以查询系统的信息，并看到计算机主机名称、CPU 的信息、内存的信息等。

图 3-5 询问系统信息

通过图形用户界面来获取系统信息是常用的方式，但通过命令行的方式来获取系统信息也应该掌握。在命令行界面中，如何查看操作系统版本号呢？答案是使用 ver 命令，如图 3-6 所示。

图 3-6 查看 Windows 版本信息

此时，肯定有高手告诉你，还有一个更酷的命令，可以查看更全面的系统信息。这就是 systeminfo 命令，它查到的信息如图 3-7 所示。也可以使用 systeminfo>mysystem.txt 命令将系统信息输出到 mysystem.txt 文本文件中，供本地或远程维护使用。

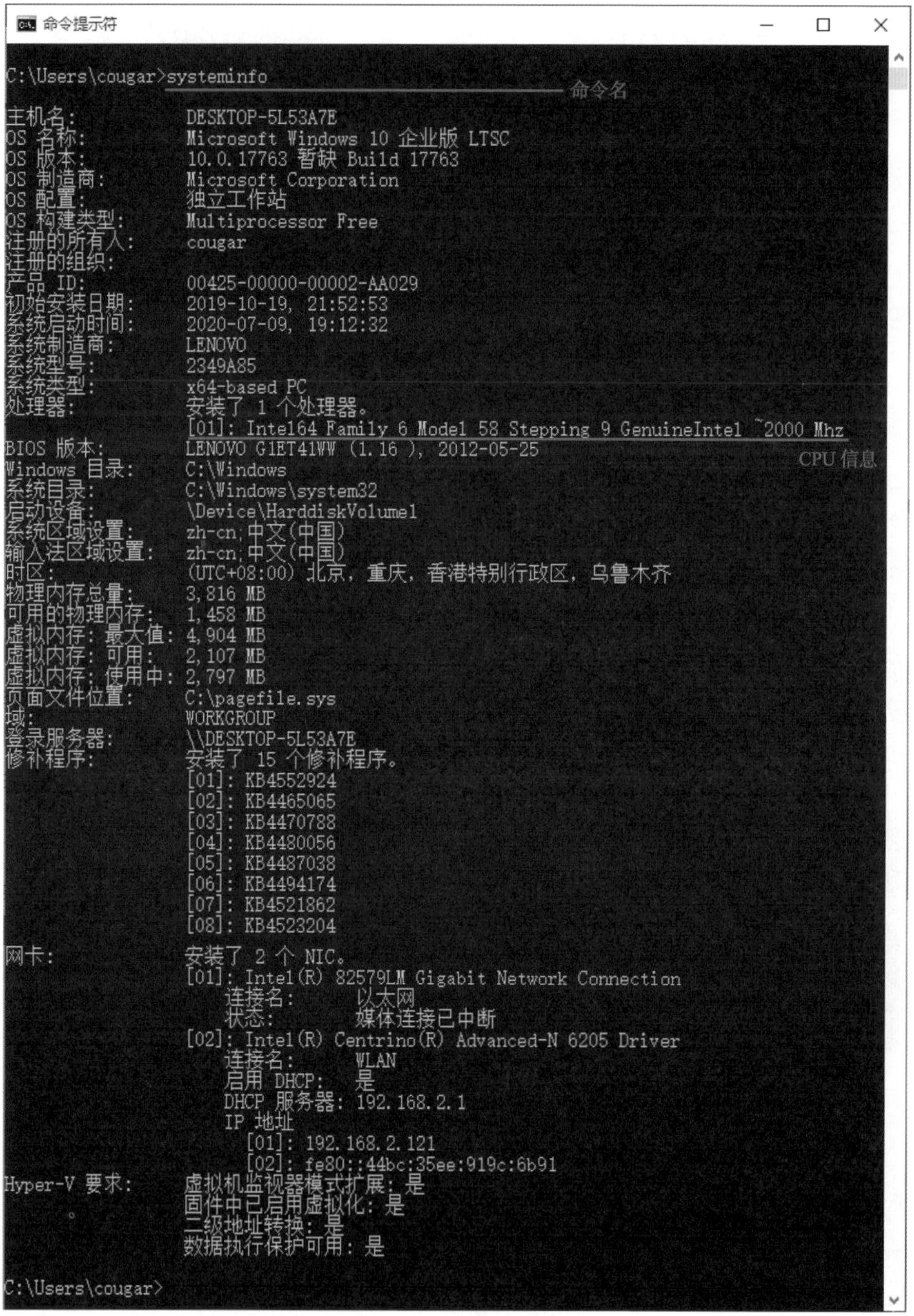

```
C:\Users\cougar>systeminfo                              ————————命令名
主机名:                 DESKTOP-5L53A7E
OS 名称:                Microsoft Windows 10 企业版 LTSC
OS 版本:                10.0.17763 暂缺 Build 17763
OS 制造商:              Microsoft Corporation
OS 配置:                独立工作站
OS 构建类型:            Multiprocessor Free
注册的所有人:           cougar
注册的组织:
产品 ID:                00425-00000-00002-AA029
初始安装日期:           2019-10-19, 21:52:53
系统启动时间:           2020-07-09, 19:12:32
系统制造商:             LENOVO
系统型号:               2349A85
系统类型:               x64-based PC
处理器:                 安装了 1 个处理器。
                        [01]: Intel64 Family 6 Model 58 Stepping 9 GenuineIntel ~2000 Mhz
BIOS 版本:              LENOVO G1ET41WW (1.16 ), 2012-05-25          CPU 信息
Windows 目录:           C:\Windows
系统目录:               C:\Windows\system32
启动设备:               \Device\HarddiskVolume1
系统区域设置:           zh-cn;中文(中国)
输入法区域设置:         zh-cn;中文(中国)
时区:                   (UTC+08:00) 北京，重庆，香港特别行政区，乌鲁木齐
物理内存总量:           3,816 MB
可用的物理内存:         1,458 MB
虚拟内存: 最大值:       4,904 MB
虚拟内存: 可用:         2,107 MB
虚拟内存: 使用中:       2,797 MB
页面文件位置:           C:\pagefile.sys
域:                     WORKGROUP
登录服务器:             \\DESKTOP-5L53A7E
修补程序:               安装了 15 个修补程序。
                        [01]: KB4552924
                        [02]: KB4465065
                        [03]: KB4470788
                        [04]: KB4480056
                        [05]: KB4487038
                        [06]: KB4494174
                        [07]: KB4521862
                        [08]: KB4523204
网卡:                   安装了 2 个 NIC。
                        [01]: Intel(R) 82579LM Gigabit Network Connection
                            连接名:          以太网
                            状态:            媒体连接已中断
                        [02]: Intel(R) Centrino(R) Advanced-N 6205 Driver
                            连接名:          WLAN
                            启用 DHCP:       是
                            DHCP 服务器: 192.168.2.1
                            IP 地址
                            [01]: 192.168.2.121
                            [02]: fe80::44bc:35ee:919c:6b91
Hyper-V 要求:           虚拟机监视器模式扩展: 是
                        固件中已启用虚拟化: 是
                        二级地址转换: 是
                        数据执行保护可用: 是

C:\Users\cougar>
```

图 3-7 使用 systeminfo 命令查询系统信息

48

3.3 善假于物也——Windows 下的帮助信息

君子性非异也,善假于物也。 ——荀子

计算机高手的资质和秉性跟一般人没什么不同,但是他们更善于借助很多不同的途径来学习。通过网络学习,通过书籍学习,通过手机也可以学习。我们这里介绍的是,通过操作系统自带的帮助来学习相关知识。

如果你遇到了一些棘手的问题,不知道该怎么解决,为什么不去试试操作系统相关的免费帮助信息呢?

在 Windows 的图形界面内,可以通过按功能键 F1 来获取帮助。在 Windows 10 中,按功能键 F1 会调用用户当前的默认浏览器打开搜索页面,从而获取帮助信息。

在 Windows 7 中,有本地的帮助和支持。在"开始"菜单中选择"帮助和支持"选项,可以搜索需要的帮助。在打开的"Windows 帮助和支持"窗口中可以进行入门学习,了解 Windows 相关的基础知识,也可以在"帮助主题"里找到一些感兴趣问题的解决方法,还可以在搜索栏中搜索相关的 Windows 操作系统知识,如图 3-8 所示。

图 3-8 "Windows 帮助和支持"窗口

在 Windows 10 中，有问题可以找"小娜"（Cortana）。微软小娜（Cortana）是 Windows 10 中自带的虚拟助理，它不仅可以帮助你安排会议、搜索文件，还可以回答你的求助问题。当你需要获取一些帮助信息时，最快捷的办法就是去询问 Cortana，如图 3-9 和图 3-10 所示。你也可以在手机上安装"微软小娜"APP，逐渐熟悉它的使用方法。

图 3-9 "开始"菜单中的"微软小娜"　　　　图 3-10 "微软小娜"的界面

如果你看到一条命令，却不知道它有什么用或该如何使用？怎么办？此时有两种方法，即使用 help 和 /? 进行查询。

二者的作用类似，但使用方法有所区别，图 3-11 所示给出了查询 color 命令的示例。可以看出 help 放在要查命令的前面，而 /? 则放在要查命令的后面。二者获取帮助的方式分别为：

```
help [要查询的命令]
[要查询的命令] /?
```

图 3-11   help 和 /? 的使用

3.4 注销、关机和重启

　　试想，一些病毒程序控制了你的计算机，图形界面没有响应，你该怎么办呢？我们想是否可以用命令行界面来注销系统呢？

　　所谓注销，就是向系统发出清除现在登录用户的请求。注销后，清除了当前用户的运行程序和缓存空间，可以使用其他用户来登录你的系统。

　　但是，注销不是关机，也不是重新启动系统。计算机系统在注销的状态下，并没有关机，系统还在启动着，也在耗电，而关机状态是不耗电的。

　　有些程序在安装后，或者重新更改配置后，需要重启系统才能生效。

　　关于计算机系统注销、关机和重启的作用和命令如表 3-2 所示。

表 3-2　注销、关机和重启

类　别	作　用	Windows 命令
注销	清除当前登录用户的运行程序和缓存空间，系统还在运行	logoff
关机	系统停止运行，不再耗电	shutdown
重启	系统停止运行后，重新启动，系统的配置更新生效	shutdown -r

延伸阅读：未来计算机的趋势

计算机技术是发展最快的科学技术之一，正朝着多极化、智能化、万物互联的方向发展，产品不断升级换代。操作系统一定会支撑这种变化，一定会出现许多新特性。但是新的东西不要怕，你一定会找到它的帮助信息。

趋势一：多极化。个人计算机已席卷全球，但由于计算机应用场景多种多样，巨型、大型、小型、微型机各有自己的应用领域，形成了一种多极化的形势。如巨型计算机主要应用于天文、气象、地质、核反应、航天飞机和卫星轨道计算等尖端科学技术领域和国防事业领域，它标志一个国家计算机技术的发展水平。

趋势二：智能化。计算机具有模拟人的感觉和思维过程的能力，包括模式识别、图像识别、自然语言的生成和理解、博弈、定理自动证明、自动程序设计、专家系统、学习系统和智能机器人等。目前，已研制出多种具有人的部分智能的机器人。

趋势三：万物互联。用现代通信技术和计算机技术把分布在不同地点的计算机、移动终端、智能硬件互联起来，组成一个规模大、功能强、可以互相通信的网络结构。

第 4 章
数据是怎么管理的——文件管理

　　计算机中的数据大多数都是以文件的形式存储在硬盘上，这些文件又可以分门别类地放置在文件夹中。本章将介绍文件管理的相关知识，帮助读者熟练掌握针对文件和文件夹进行新建、重命名、复制、删除、移动、查找等各种操作的方法。

本章我们将学会

- 文件和文件类型。
- 显示和制作文件目录结构。
- 显示、新建、重命名、复制、移动、删除文件和文件夹。
- 查找文件。
- 设置文件和文件夹的属性。
- 设置共享属性。
- 权限的种类。
- 文件和文件夹的所有权。
- 复制和移动文件后权限的变化。

4.1 数据存储的基本单位——文件

家里的储物间整理好后，目的是为了放置各种物品。图书馆建好后，书架上也不能空着，需要分门别类地放置各种书籍。计算机的存储间格式化后，就可以保存各种数据和文件了。

计算机中的数据大多数都是以文件的形式存储在硬盘上，而文件夹可以把某一种用途或某一种类型的文件放置在一起，方便文件管理。

4.1.1 知识一点通：文件及文件类型

文件就是计算机中数据的存在和展现的形式。文件的种类有很多，包括文字、图片、声音、视频以及应用程序等，如图 4-1 所示。但其外观却是统一的，都是由文件名称和文件图标组成，而文件名称又由文件名和扩展名两部分构成，两者之间用一个圆点分开。

图 4-1　各种文件

使用 Windows+E 快捷键打开资源管理器，双击任意分区符，打开一个有很多文件的文件夹，我们可以看到各种类型的文件，如图 4-2 所示。

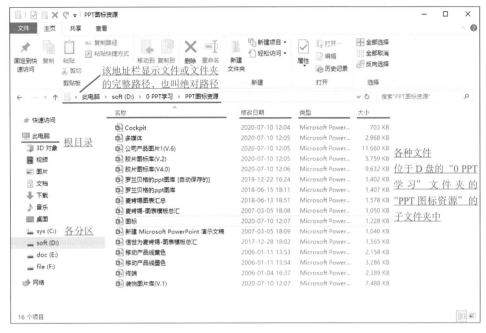

图 4-2　资源管理器中的文件与文件夹结构

常见文件类型的图标和扩展名如表 4-1 所示。

表 4-1　文件的图标和扩展名示例

文 件 类 型	图　标	扩 展　名	文 件 类 型	图　标	扩 展　名
文本文件		.txt	Word 文件		.docx
Excel 文件		.xlsx	图片文件		.bmp
音频文件		.mp3	视频文件		.mp4
应用程序文件		.exe	配置文件		.ini
帮助文件		.chm	压缩文件		.zip

Word 文档的后缀是 doc 或 docx，是 document（文档）的缩写；exe 文件是 executable（可执行）的缩写；bmp 文件是 bitmap（位图）的缩写；bat 文件是 batch（批量）的缩写，如图 4-3 所示。

图 4-3　扩展名

从文件创建者的角度来看，文件还可以分为以下几类（见图 4-4）。

（1）系统文件：由操作系统创建的文件，这些文件将包含操作系统执行的程序和要处理的数据。系统文件仅供系统使用，不对用户开放。

（2）用户文件：由用户创建的文件，这些文件包含的是用户的信息，如用户编写的程序、写好的文档等。

（3）库文件：由系统创建，但可以供程序或者用户使用的文件，是由一些标准函数或子程序组成的文件。

图 4-4　3 种类型的文件

4.1.2 知识一点通：文件夹

文件夹是计算机保存和管理文件的一种方式，也可以叫作目录。不同的文件可以归类存放于不同的文件夹中，而文件夹又可以存放下一级子文件夹或文件，子文件夹同样又可以存放文件或子文件夹。

文件与文件夹的这种包含结构在资源管理器中可以很直观地看到，如图 4-2 所示。

4.1.3 知识一点通：路径

文件存放的具体位置指示称为"路径"。在计算机中，通常在上一级文件夹名和下一级文件夹名或文件名前加上一个斜杠"\"，例如图 4-2 中，"D:\0 PPT 学习 \PPT 图标资源 \图标.ppt"表示在 D 盘的"0 PPT 学习"文件夹下有"PPT 图标资源"子文件夹，这里有一个名为图标.ppt 的文件。文件的路径显示在资源管理器窗口的地址栏中。

4.2 此树是我栽——文件目录结构

在管理公司计算机网络的过程中，经常需要了解每个计算机上都有哪些目录和文件，员工有没有在使用公司禁止的文件。这就需要通过一个命令生成计算机系统的目录结构和文件名，把它保存在一个文件中，然后发邮件给网络管理员。

4.2.1 Windows 的 Tree

如何查看一个分区中有哪些文件夹，以及该分区目录的结构是怎么样的，在 Windows 里，我们使用的是 tree 命令，如图 4-5 所示。

图 4-5 树型结构

为了了解 tree 的含义，我们找一个空的 U 盘，在上面创建 1、2、3 这 3 个文件夹，再在 1 文件夹下面创建 a、b、c 共 3 个子文件夹，在 2 文件夹下创建 e、f 两个子文件夹。

当前 U 盘的盘符是 H:（在测试时，要在资源管理器中确定你的 U 盘的盘符），使用命令 tree [分区符]（这里是"tree H:"）就可以看到刚才创建的文件目录结构了，如图 4-6 所示。

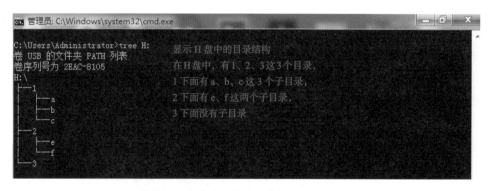

图 4-6 查看一个分区中的目录结构

我们也可以使用 tree 命令显示某一个文件夹的目录结构，如图 4-7 所示。

```
C:\Users\Administrator>tree D:/Excel  显示 D 盘中 Excel 文件夹的目录结构
卷 tools 的文件夹 PATH 列表
卷序列号为 0005-C6F7
D:\EXCEL
├─06 Microsoft Excel
│  └─EXCEL EXERCISE PACKAGE
├─ExcelHome 扩展函数库2.1
└─vba

C:\Users\Administrator>tree D:/360Downloads  显示 D 盘中 360Downloade 文件夹的目录结构
卷 tools 的文件夹 PATH 列表
卷序列号为 0005-C6F7
D:\360DOWNLOADS
├─Apk
├─Ebook
├─Music
├─Picture
│  └─Software
│     ├─360SoftMgrSafeRun
│     └─三阶魔方基础
├─Video
└─wpcache
   └─srvsetwp
```

图 4-7　查看一个文件夹的目录结构

4.2.2　显示包括文件名在内的目录结构

默认情况下，tree 只显示子目录名，而不显示子目录里的文件名。如果想显示目录结构中完整的文件名，需要加上 /F 参数，格式如下。

tree /F [分区符号或文件夹路径]

在 U 盘中的子文件夹中创建几个文件，然后使用 "tree /F" 命令显示目录结构及其包含的文件名，如图 4-8 和图 4-9 所示。

```
C:\Users\Administrator>tree /F H:  显示 H 盘中的目录结构和文件
卷 USB 的文件夹 PATH 列表
卷序列号为 2EAC-8105
H:\
├─1
│  ├─a
│  ├─b
│  │    x.bmp
│  │
│  └─c
├─2
│  ├─e
│  │    temp.ppt
│  │
│  └─f
└─3
     test.txt
```

图 4-8　显示目录结构及其包含的文件名

图 4-9　显示包含文件名的目录结构

4.2.3　制作目录结构图

电小白："有没有办法把一个分区或目录下所有的文件夹和文件的结构图输入一个文件中？（见图 4-10）以方便使用。"

清青老师："当然有了，tree 命令＋输出符号 '>' 就可以实现这个目的。'>' 符号的前面就是 tree 命令的格式，'>' 的后面就是要给这个输出来的文件起个名字。"

清青老师所说的格式如下。

tree /F [路径] > [分区符 :/ 目录结构图名称 .txt]

图 4-10 制作目录结构图

在 C 盘的提示符下输入 "tree >D:/123.txt" 命令，意思是将 C 盘的目录结构输出到 D 盘的 123.txt 文件中；"tree C:/Windows >D:/windows.txt" 的意思是将 C 盘的 Windows 文件夹的目录结构输出到 D 盘的 windows.txt 文件中，如图 4-11 所示。

```
C:\Users\Administrator>

C:\Users\Administrator>tree >D:/123.txt            将 C 盘目录结构输出到 D 盘的 123.txt 文件中

C:\Users\Administrator>tree C:/Windows >D:/windows.txt    将 C 盘的 Windows 文件夹目录结构
                                                          输出到 D 盘的 windows.txt 文件中

C:\Users\Administrator>tree C:/Windows/system32 >D:/system.txt    将 C 盘的 Windows 文件夹下的
                                                                 system32 子文件夹目录结构输
                                                                 出到 D 盘的 system.txt 文件中
C:\Users\Administrator>tree /F H:>D:/usb.txt

C:\Users\Administrator>_                          将 H 盘目录结
                                                  构及文件名输
                                                  出 到 D 盘 的
                                                  usb.txt 文件中
```

图 4-11 制作目录结构图

"tree /F H: > D:/usb.txt" 的意思是把 H 盘（我们插入的 U 盘的盘符，使用时替换为实际的盘符）的目录结构输出到 D 盘的 usb.txt 文件中。在 D 盘下找到刚生成的 usb.txt 文件并打开，如图 4-12 所示。

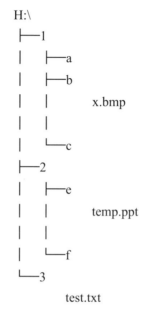

图 4-12　usb.txt 文件中的结构图

4.3　针对文件的常用操作

我们可以对文件和文件夹进行新建、重命名、复制、删除、移动、查找等各种操作，从而使计算机中存储的数据井然有序，便于使用。

4.3.1　显示文件和文件夹

文件与文件夹的显示方式多种多样，我们可根据自己的习惯和喜好进行选择。按 Windows+E 快捷键打开资源管理器，找到要查看的文件夹位置，单击工具栏中右上角的"查看"按钮 ，弹出显示方式下拉列表，如图 4-13 所示。在 Windows 10 中，资源管理器中有专门的"查看"菜单，可以设置文件和文件夹的显示方式，如图 4-14 所示。

图 4-13　文件和文件夹的显示方式

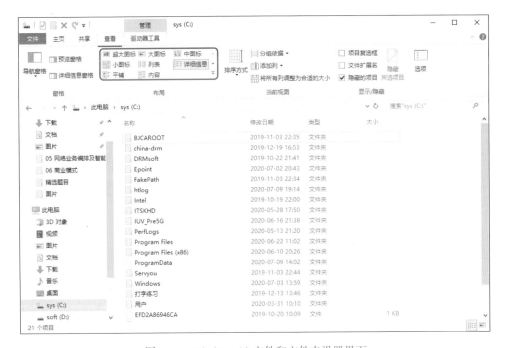

图 4-14　Windows 10 文件和文件夹设置界面

滑动图 4-13 中左侧的游标，或者选中图 4-14 中某一个显示形式，可以看到不同的文件和文件夹的显示风格，如图 4-15 所示。

（a）超大图标

（b）大图标

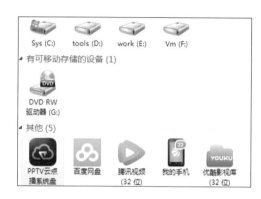

（c）中等图标

（d）小图标

（e）列表

（f）详细信息

图 4-15　资源管理器中不同的显示风格

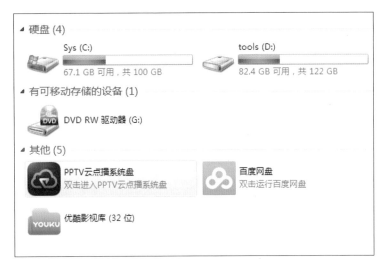

（g）平铺

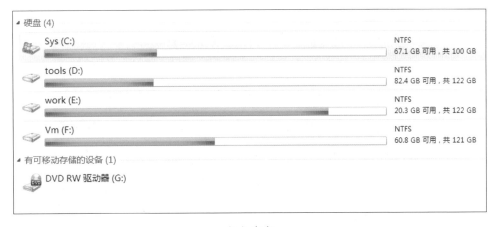

（h）内容

图 4-15　资源管理器中不同的显示风格（续）

　　双击 C 盘的图标，可以看到 C 盘下面的所有文件，如图 4-16 所示。

　　我们也可以进入命令行用户界面，使用 dir 命令查看 C 盘下的文件和文件夹，如图 4-17 所示。在这里面看到的文件和文件夹与图 4-16 完全相同，只不过表现形式不同。

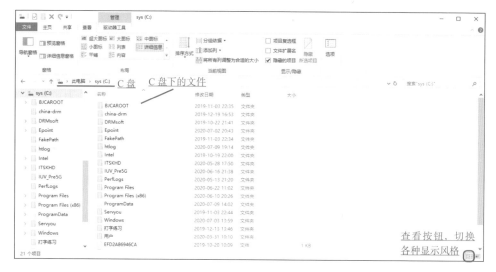

图 4-16　显示 C 盘下的所有文件

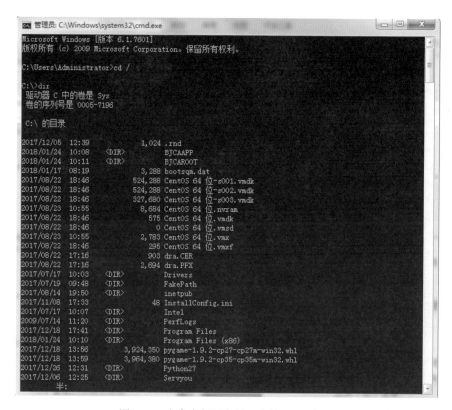

图 4-17　在命令行用户界面中使用 dir 命令

4.3.2　新建文件和文件夹

虽然计算机中已有很多文件和文件夹，但我们也需要另外新建文件和文件夹，以开展我们的工作和学习。

（1）在某个盘的根目录下，或某个文件夹窗口的空白处单击鼠标右键，在弹出的快捷菜单中选择"新建"命令，弹出其下级子菜单，如图 4-18 所示。

图 4-18　新建文件夹和文件

（2）在弹出的子菜单中选择"文件夹"命令，可新建一个文件夹，默认名为"新建文件夹"，现在可以编辑文件夹名，对其进行重命名，然后按 Enter 键。

（3）在"新建"子菜单中，还可以新建 BMP 图像文件、Word 文件、PPT 文件、文本文档等，选择相应的文件类型即可。现在，创建的文件内容是空白的，双击打开相应的程序后可进行编辑。

我们也可以进入命令行用户界面，使用 mkdir 命令在 U 盘上新建文件夹，如图 4-19 所示。

在命令行用户界面里，新建文件可使用"cd.>"命令，如在 U 盘上新建几个文件，如图 4-20 所示。">"输出符命令本身就可以新建一个文件，只不过"cd."命令建立的文件内容是空的，而使用 dir 或其他命令建立的文件则是有内容的。

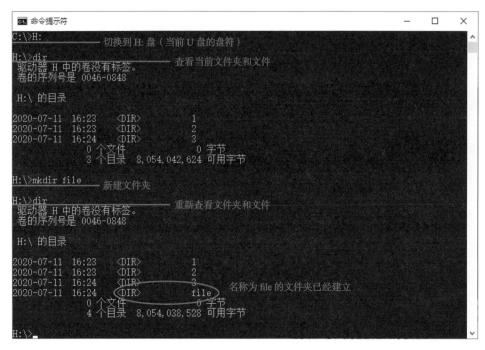

图 4-19 在命令行中使用 mkdir 命令新建文件夹

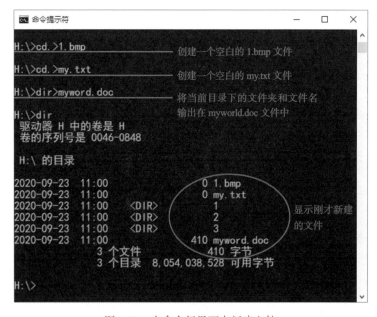

图 4-20 在命令行界面中新建文件

4.3.3　重命名文件和文件夹

在 Windows 里，在同一文件夹中，不允许有两个相同名称的文件或文件夹，因此为了更好地区分与管理文件和文件夹，需要将它们重命名为不同的名称。

（1）选中需要重命名的文件或文件夹，然后按 F2 键，或在选中的图标上单击鼠标右键，在弹出的快捷菜单中选择"重命名"命令，如图 4-21 所示。

图 4-21　重命名文件

（2）此时输入框将以反白显示，输入新的名称"老鼠爱大米"（这个名称根据你的需要而定）。

（3）按 Enter 键或单击窗口中的空白处，确认重命名文件。

我们也可以进入命令行用户界面，使用 rename 命令在 U 盘上重命名文件夹或文件，如图 4-22 所示。

图 4-22　使用命令行界面重命名文件

4.3.4 复制和移动文件和文件夹

复制和移动文件或文件夹是不一样的动作，动作的结果也不同。

复制文件或文件夹是为文件或文件夹在指定位置创建一个备份，将原来的文件按照同样的内容复制一遍，而原位置仍然保留原文件或文件夹。这个过程就像复印机一样，将一张图片复印出另一张，而原来的那一张也是存在的，如图 4-23 所示。

图 4-23　复制和移动

移动文件和移动文件夹则是将原有的文件或文件夹搬到新位置，原来的位置上就没有了这个文件或文件夹。就像从大厅搬一个桌子到餐厅，桌子没变，只是位置变化。

复制文件本质上是两个动作，即"复制"＋"移动"，而移动文件则没有"复制"这个动作。因此移动一个文件的速度比复制一个文件要快得多。

先选中一个文件，单击鼠标右键，在弹出的快捷菜单中选择"复制"命令进行复制文件或文件夹的操作，选择"剪切"命令进行移动文件或文件夹的操作，如图 4-24 所示；然后在目标位置单击鼠标右键，在弹出的快捷菜单中选择"粘贴"命令即可，如图 4-25 所示。

图 4-24　移动和复制文件和文件夹

　　其实，在实际工作中，移动和复制文件或文件夹都常用快捷键的方式。选中要移动或复制的文件或文件夹，使用 Ctrl+X 快捷键来剪切文件或文件夹（移动操作），或者使用 Ctrl+C 快捷键来复制文件或文件夹（复制操作），然后在目标位置，使用 Ctrl+V 快捷键来粘贴文件或文件夹即可，如图 4-26 所示。

图 4-25　粘贴文件

图 4-26　移动和复制文件或文件夹快捷键示意

大家要熟练使用这几个操作，以后会常用到。

使用拖动的方法复制和移动文件或文件夹，在操作上略有不同。在本分区下的文件夹中，选择一个文件或文件夹，拖动到目标文件夹中，此时执行的是"移动"操作。如果选择一个文件或文件夹，在拖动时按住 Ctrl 键，然后拖动到目标文件夹中，此时执行的是"复制"操作。若要将选中对象拖动到其他磁盘分区下，直接拖动执行的是"复制"操作。

在命令行用户界面中，使用 copy（xcopy）命令进行文件或文件夹的复制，使用 move 命令进行文件或文件夹的移动，如图 4-27 所示。

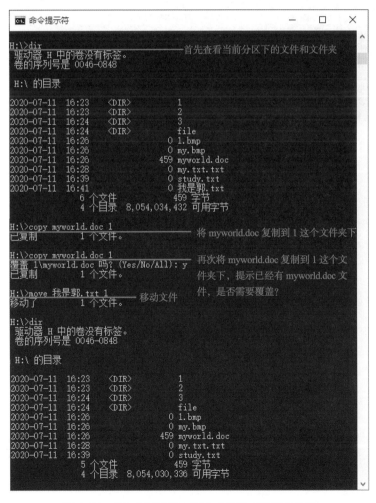

图 4-27　在命令行界面中移动或复制文件和文件夹

4.3.5 删除文件和文件夹

为了释放更多硬盘空间，以便让其他文件使用，我们可以把不再需要的文件或文件夹删除。删除文件或文件夹最常用的方法是选择要删除的对象，然后按键盘右侧的 Delete 键，如图 4-28 所示。

图 4-28　Delete 键的示意

在打开的如图 4-29 所示的删除提示对话框中，单击"是"按钮，这时文件或文件夹被删除至回收站中。在桌面上双击"回收站"图标，在打开的窗口中，可看到被删除的文件或文件夹。

图 4-29　"删除文件"对话框

在命令行用户界面中，使用 del 命令删除文件，使用 rmdir 命令删除文件夹，如图 4-30 所示。

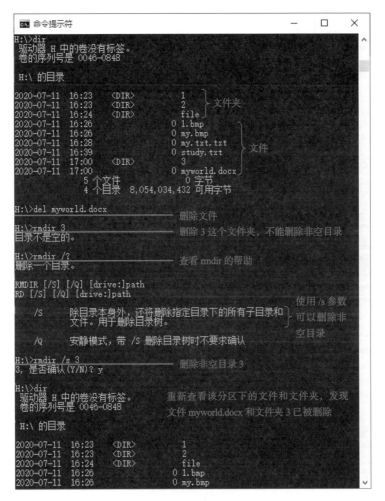

图 4-30 在命令行界面中删除文件和文件夹

4.3.6 查找文件

如果我们不知道一个文件或文件夹在磁盘中的什么位置，可以使用搜索功能来查找。

在学习"搜索"命令之前，首先要了解通配符如何使用。通配符是指可以代表某一类字符的通用符号，常用的通配符有星号（＊）和问号（？）。星号代表一个或多个字符，问号只能代表一个字符，举例如下。

❄ *.*：表示计算机中所有的文件和文件夹。

❄ *.mp4：表示所有文件扩展名为 mp4 的文件。

❄ ?new.doc：表示文件名称长度为 4 位，且必须以 new 为文件名结尾，以 doc 为扩展名的所有文件。

下面搜索计算机中所有扩展名为 mp4 的音乐文件，其具体操作如下。

（1）打开资源管理器。

（2）在左侧窗格中选择需要搜索的目录，在右上角的搜索栏中输入"*.mp4"，按 Enter 键后，任务窗格变成搜索状态，如图 4-31 所示。

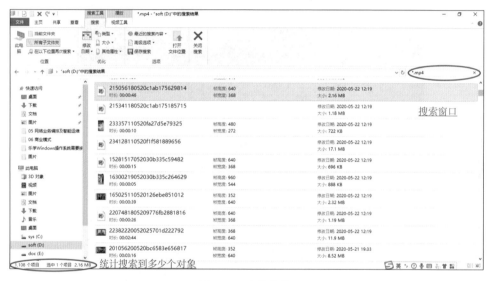

图 4-31　查找文件

（3）在右侧的窗口中显示出查找到的文件。这时，如果用户选择"详细信息"文件显示方式，便可查看各个文件的位置、大小和修改日期等详细信息。

（4）搜索文件结束后，任务窗格会显示搜索到的文件数量统计，并可以修改搜索条件，继续进行搜索。

在命令行用户界面中，使用 dir 和 find 命令结合，可以查找所需文件，如图 4-32 所示。"dir /s"命令显示了当前文件夹下所有的目录和文件，通过"|"送到 find 命令下。find 命令在这里搜索包含".mp4"字符的所有文件和文件夹。

图 4-32　使用命令行查找 mp4 文件

4.4　设置文件和文件夹属性

为了便于管理文件和文件夹，操作系统提供了文件和文件夹的属性，可以供使用者来设置。

4.4.1　文件的属性

右击一个文件或文件夹，在弹出的快捷菜单中选择"属性"命令；或者在选择文件或文件夹后，按 Alt+Enter 快捷键，如图 4-33 所示，均可以打开文件或文件夹的"属性"对话框。

图 4-33　Alt+Enter 快捷键

文件的属性包括只读、隐藏和存档等，如图 4-34 所示，还有一种属性为"系统文件"，只有安装操作系统时产生的文件才会具备这个属性；而文件夹除了具有这 3 项属性之外，还具有共享属性，如图 4-35 所示。用户可通过设置来确定是否让文件或文件夹具有这些属性。

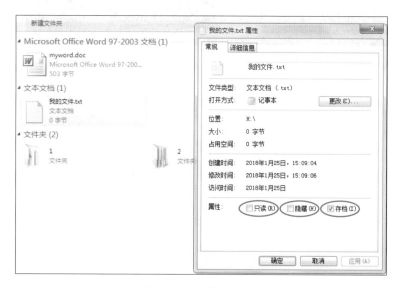

图 4-34　文件的属性

"只读"属性表示该文件或文件夹不能被修改，删除或修改该文件或文件夹时，系统将打开提示对话框，提示用户无法修改。

图 4-35　文件夹的属性

"隐藏"属性表示该文件或文件夹在系统中是隐藏的，在默认情况下用户不能看见这些文件。

"存档"属性一般意义不大，它表示此文件或文件夹的备份属性，只是提供给备份程序使用。当选中时，备份程序就会认为此文件已经"备份过"，可以不用再备份了。

我们新建一个文件，名字叫"我的文件"，选中其"隐藏"属性，单击"确定"按钮后，这个文件就不见了。我们该怎么把"隐藏"的这个文件找出来呢？

在资源管理器中，选择"组织"→"文件夹和搜索选项"命令（Windows 7），如图 4-36（a）所示，或者在"查看"选项卡中，单击"选项"按钮（Windows 10），如图 4-36（b）所示，弹出"文件夹选项"对话框，选择"查看"选项卡，在"高级设置"列表框中选中"显示隐藏的文件、文件夹和驱动器"单选按钮，然后单击"确定"按钮，如图 4-37 所示。

（a）Windows 7 的文件夹选项

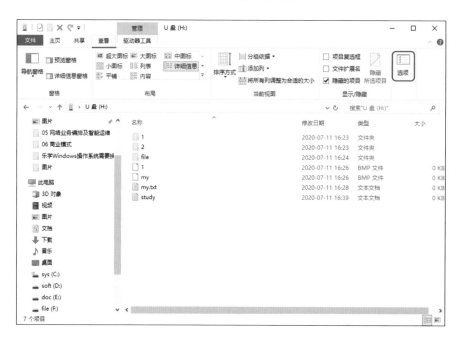

（b）Windows 10 的文件夹选项

图 4-36　文件夹选项的位置

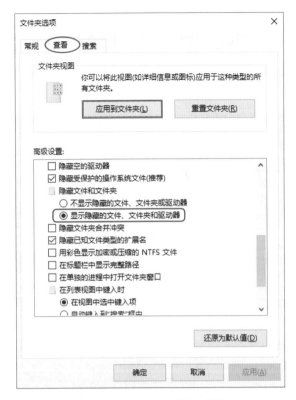

图 4-37 "文件夹选项"对话框

这时，我们再看这个目录，隐藏的"我的文件"已经出现，对象的数目已经增加了。

我们在 U 盘中创建了"1"这个文件夹，这个文件夹也包含了若干子文件夹和文件。在命令行用户界面里，使用 attrib 命令，操作"1"文件夹的属性，如图 4-38 所示

attrib 命令用来显示或更改文件或文件夹的属性，其格式如下：

attrib [参数][文件或文件夹的名称]

其中参数含义如下。

❋ "+"代表增加一个"属性"。

❋ "–"代表取消一个"属性"。

❋ R 表示只读文件属性。

❀ A 表示存档文件属性。

❀ S 表示系统文件属性。

❀ H 表示隐藏文件属性。

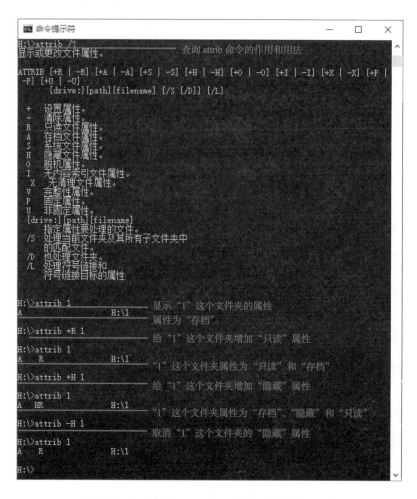

图 4-38　在命令行界面里设置文件和文件夹的属性

4.4.2　设置共享属性

在局域网中，可将本机上的文件共享给其他计算机的用户，这就需要为其上级文件夹设置共享属性，如图 4-39 所示。

图 4-39　共享

其具体操作如下。

（1）在需要共享的文件夹图标上单击鼠标右键，在弹出的快捷菜单中选择"属性"命令，在打开的"属性"对话框中选择"共享"选项卡，如图 4-40 所示。

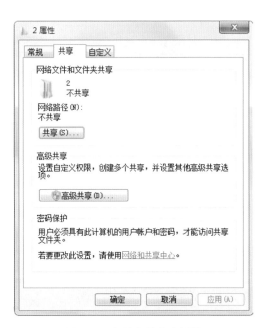

图 4-40　文件夹的共享属性

（2）单击"共享"按钮，弹出如图 4-41 所示的对话框，可以设置该文件夹给谁共享，以及共享的权限。

图 4-41　文件共享设置

单击"高级共享"按钮，弹出如图 4-42 所示的对话框，可以给该共享文件夹在局域网中起一个共享名，这个名字可以和本机上文件夹的名字不一样。然后针对这个共享名，设置共享的用户和权限，如图 4-43 所示。

这时，我们可以在命令行用户界面中，使用 net share 命令查看已设置的共享，如图 4-44 所示。

图 4-42　文件夹的高级共享

图 4-43　新建共享

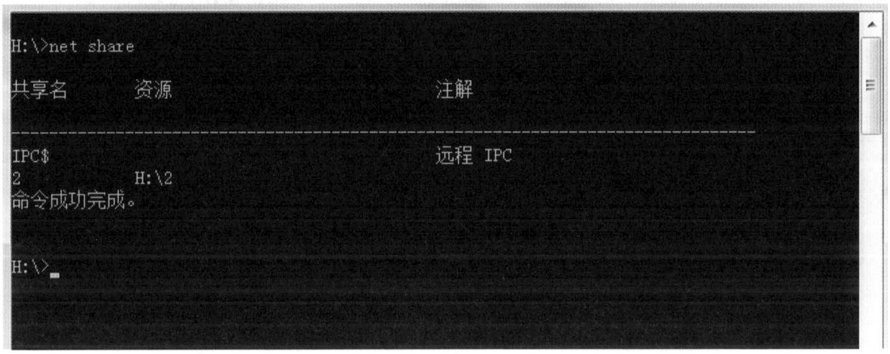

图 4-44　使用 net share 命令查看当前分区的共享目录

那么如何删除共享呢？命令的格式如下。

net share [共享名] /delete

我们把 U 盘下的"2"这个共享文件夹删除，然后再次用 net share 命令查看，可以发现已经没有"2"这个共享文件夹了，如图 4-45 所示。

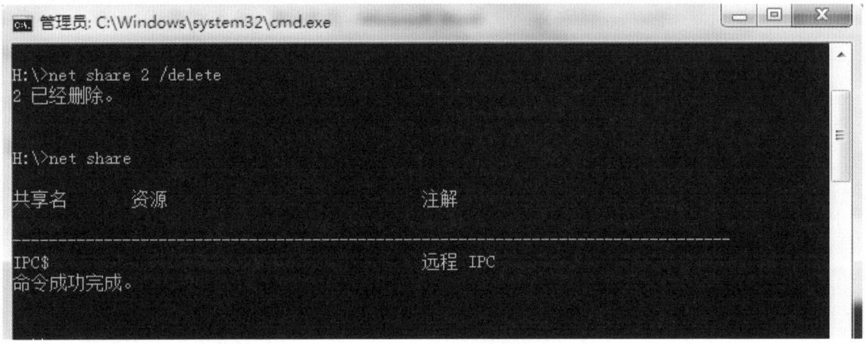

图 4-45　删除共享

这次，我们使用 net share 命令把 U 盘下的"2"文件夹共享，如图 4-46 所示，其格式如下。

net share [共享名]=[要共享的文件]

```
管理员: 命令提示符                                          —    □    ×

H:\>net share myshared=H:\2
myshared 共享成功。

H:\>net share
共享名        资源                          注解

C$          C:\                           默认共享
D$          D:\                           默认共享
E$          E:\                           默认共享
F$          F:\                           默认共享
IPC$                                      远程 IPC
ADMIN$      C:\Windows                    远程管理
myshared    H:\2
命令成功完成。

H:\>_
```

图 4-46   用 net share 命令共享文件夹

再次用 net share 命令查看，可以看到"myshared"这个共享文件夹了，它实际上代表的是 U 盘下的"2"文件夹。

这时，我们使用 Windows+R 快捷键打开"运行"对话框，输入标识本机的地址"\\127.0.0.1"（这里记住，本机的 IP 可以用 127.0.0.1 来表示），如图 4-47 所示。单击"确定"按钮后，可以看到刚才所设置的 myshared 共享文件夹，如图 4-48 所示。

图 4-47   在"运行"对话框中输入本机的 IP 地址

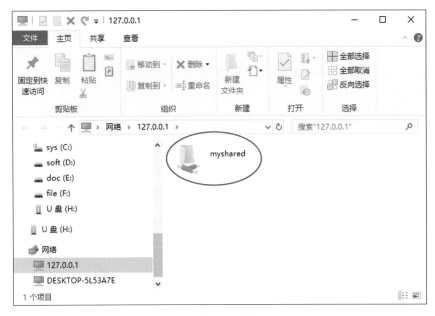

图 4-48　在网络中看到的共享文件夹

4.5　权限控制

在多用户使用的情况下，或者在网络使用环境下，计算机系统里保存的文件和文件夹有可能被不欢迎的人访问，从而导致信息泄露。这时就有必要对文件和文件夹进行权限控制。

4.5.1　权限的种类

一个文件或文件夹的共享权限是指一个用户访问它时所拥有的操作许可，包括读取、更改、完全控制等权限。选中文件夹，单击鼠标右键，在弹出的快捷菜单中选择"属性"命令，在弹出的"属性"对话框中选择"共享"选项卡，单击"共享"或"高级共享"按钮，可以打开如图 4-49 所示的权限设置对话框。

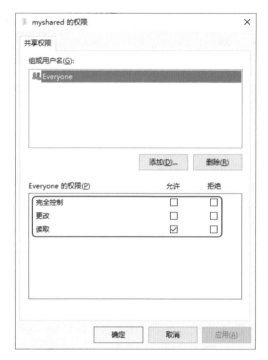

图 4-49　共享文件夹的权限设置

下面介绍各权限的含义。

❋ 读取（Read）：可以查看文件夹内的文件名与子文件夹名、文件夹的属性和权限等，如图4-50所示。

图 4-50　只读示例

❋ 更改（Modify）：可以在文件夹内新建文件与子文件夹、修改文件夹
属性等，如图4-51所示。

图 4-51 更改示例

❋ 完全控制（Full Control）：拥有文件夹的所有权限，除了读取、更改
权限之外，还包括遍历文件夹、执行文件等权限，如图4-52所示。

图 4-52 完全控制示例

注意

选中"更改"权限，用户至少还需要读取权限才可修改文件内容；选中"完全控制"权限，则用户同时需要"更改"和"读取"的权限。

4.5.2　文件与文件夹的所有权

系统内每一个文件与文件夹都有所有者（owner），默认是创建文件或文件夹的用户。所有者可以更改其所拥有的文件或文件夹的权限，无论其当前是否有权限访问此文件或文件夹。

用户如果属于 Administrators 这个圈子里，便可以获取文件或文件夹的所有权，使其成为新的所有者。用户只要具有文件或其他对象的所有权，就可以将所有权移交给其他用户和组。

4.5.3　文件复制或移动后权限的变化

文件复制或移动后，其权限变化如下。

❄　复制到同一分区其他文件夹，则继承其他文件夹权限。

❄　复制到其他分区其他文件夹，则继承其他文件夹权限。

❄　移动到同一分区其他文件夹，则权限不变。

❄　移动到其他分区其他文件夹，则继承其他文件夹权限。

❄　复制或移动到 U 盘，由 U 盘文件系统决定。

延伸阅读：勒索病毒

2017 年 5 月 12 日，WannaCry 蠕虫病毒在全球范围大爆发，感染了大量的计算机。当用户的计算机系统被该勒索病毒入侵后，硬盘上的重要文件，如照片、图片、文档、压缩包、音频、视频、可执行程序等几乎所有类型的文件都被加密，且文件后缀名被修改为".WNCRY"，然后弹出勒索比特币的对话框，如图 4-53 所示。

图 4-53　勒索病毒发作

勒索病毒肆虐，俨然是一场全球性互联网灾难，给广大计算机用户造成了巨大损失。最新统计数据显示，150 多个国家和地区超过 30 万台计算机遭到了勒索病毒攻击或感染，造成损失多达 80 亿美元，已经影响到金融、能源、医疗等众多行业。

第 5 章

圈里圈外——用户和组管理

高档写字楼有门禁系统，Windows 操作系统也有门禁系统。用户的身份识别和访问控制就是由这个门禁系统来完成的。本章将介绍 Windows 操作系统的用户和组，以及如何设置不同用户和组的权限等问题。

本章我们将学会

- Windows 系统中 SAM 的作用。
- 用 Administrator（系统管理员）管理计算机。
- SID（安全标识符）的作用。
- Windows 的内置用户账号。
- Windows 中如何创建本地用户。
- Windows 的内置组账号，尤其是 Administrators 及 Users 的作用和用途。
- 创建本地组账号。

　　一个组里可以有多个用户，一个用户也可以隶属于多个组。现在手机微信的使用相当普及，我们都有微信朋友圈，每个人的朋友圈都不一样，有爱好音乐的，有爱好运动的，不同的圈子可以有共同的朋友。

　　每个微信用户都要加入一个或多个群，一个群通常会有相同的主题。一个人可以属于多个群，每个群一般有不同的主题。

　　物以类聚，人以群分。人们总会依据自己兴趣、爱好的不同，社会生活、工作范围的不同，资源管理权限的不同，划分为不同的群。同一个群里的人，总会有些共同点。

　　电小白："这台计算机的密码是多少？"

　　清青老师："cptbtptp（见图 5-1）。"

　　"你怎么记住的，我怎么老忘？"电小白很是疑惑。

　　"记住'吃葡萄不吐葡萄皮'的汉语拼音的第一个字母即可。"清青老师说道。

图 5-1　计算机的密码

　　刚才的神秘感瞬间被瓦解。电小白说："这和没有密码不是一样的吗？为什么要多此一举呢？"

清青老师："一台计算机或者一个小型的网络中，不止一个用户。用户多了，鉴别用户的身份就成为非常重要的事情。谁可以做什么操作，能够访问哪些资源，有哪些权限，都需要对用户进行身份识别。用户名和密码就是用户登录操作系统的第一道安全防线，能够对用户进行身份识别！"

电小白理解了一下："哦，一个用户的口令被计算机验证通过后，才能够进行后续的访问。除了口令，难道就没有其他对用户进行身份识别的方法了吗？"

清青老师："当然有了。口令是最传统的，还有其他方法，如指纹识别、人脸识别、语音识别等。"

过了一会，电小白又问："我怎么安装不了程序呢？"

清青老师："你的用户所在的组估计没有这个权限（见图 5-2）。"

图 5-2　安装权限

"计算机系统的身份识别管得太宽了吧！"电小白说。

"这不是身份识别，这是身份识别后的访问控制问题。不同用户被分在不同的组里，不同的组会有不同的权限。你这个用户估计在 Users 组里，这个组里的成员没有安装程序的权限。"清青老师回答道。

"我想要更大的权限！我想要全部的权限！"电小白说道。

清青老师："城里的人想到城外去，城外的人还想到城里去呢！如果你有那么大的权力，咱们这里的网络系统有任何问题，你都需要担负起管理责任，问题严重是要被罚款的。而你现在的用户权限虽小，但也没有相应的责任。"

"又是担责任，又是被罚款，那我就不要管理员权限了。老师，你帮我安装一下这个程序吧！"电小白说。

5.1 门禁系统——Windows 的 SAM

现在写字楼里的很多公司装了门禁系统，员工都需要刷卡，进行身份识别后才能进入。

每一个装有 Windows 系统的计算机也有一个类似的门禁系统，它的名字叫山姆（Security Account Manager，SAM），如图 5-3 所示。学过英语的人可能认为这个 SAM 是山姆大叔，是美国的拟人化别称。实际上此 SAM 不是 Uncle SAM，它只是 Windows 系统的一个本地安全账户管理器。

图 5-3 计算机的门禁系统

计算机的 Windows 系统有了 SAM，就如同办公区域装了门禁系统，用户进出必须有相应的权限。要想使用计算机，必须登录该计算机，这就需要提供有效的用户账号和密码。而这个用户账号及其密码，就保存在 SAM 内。SAM 文件在 Windows 系统里的位置为 "系统盘 :Windows\System32\config"，如图 5-4 所示。在这个目录下，还有一个 SECURITY 文件，是安全数据库的内容，这两个文件关系密切。

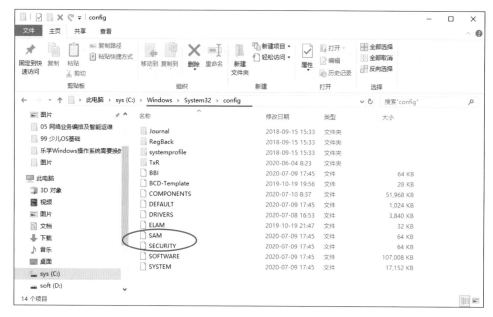

图 5-4　SAM 在 Windows 中的位置

5.1.1　SAM 惹的祸

有的人不记得计算机的管理员密码了，可不可以把计算机硬盘取出来，找到这个 SAM 文件，清空，然后重置密码呢？

这是非常危险的操作，因为 SAM 文件是系统启动时必不可少的系统文件，保存着系统账号等一系列信息，并且具有唯一性。没有 SAM 文件，或者该文件被损坏，Windows 就不能启动。

SAM 文件被损坏后，只能在系统重启之前，不断地按 F8 键（不同的计算机可能略有不同，常用的是 F8 键，有些机器可能是 F2、F5 或其他按键），以

"最后一次正确的配置"启动，寄希望于这个系统文件被意外删除后的恢复过程了。

正所谓"金无足赤、人无完人"。SAM 是这么尽心尽责，但在你忘记管理员密码时，它冷血的一面就出来了。它不会管你有多么焦虑，纵使你呼天喊地，它也不会理你。如果你把 SAM 文件删了，那系统也会躲着你，死活不肯出来了。

注意

不要以为删除 SAM 文件，就可以使系统用户的密码为空。虽然在早期的 Windows 2000 时代，可以在 DOS 环境下这样做，以求达到置空密码的目的，但在目前的 Windows 版本里，这一招可是没有用的。

SAM 文件是保存用户账号信息及相关配置的文件，在系统启动后，就处于锁定状态，这时用户就无法擅自更改这个文件的内容了，也没有任何程序可以用来打开 SAM 进行查看。

在 Windows 系统中，SAM 在用户登录系统的身份识别这份工作上尽心尽力，但是它不听从你的指挥，它只听从一个叫 lsass.exe（Local Security Authority Process，本地安全认证）程序的差遣，就连进门时的审查也是 lsass.exe 的指示。也就是说，只要用户登录了系统，lsass.exe 就在运行了。我们可以在任务管理器中看到 lsass.exe 进程（或 Local Security Authority Process），如图 5-5 所示。

对于普通用户来说，如果试图用 Windows 系统的进程管理关掉 lsass.exe 进程，只会得到"该进程为关键系统进程，任务管理器无法结束进程"的提示。

如果是系统管理员，把正在进行的工作保存一下，试着把 lsass.exe 关闭（选中后，单击右下角的"结束进程"按钮），看会出现什么结果？你被计算机赶出了家门（被注销）！系统将在一分钟后自动重启，如图 5-6 所示。

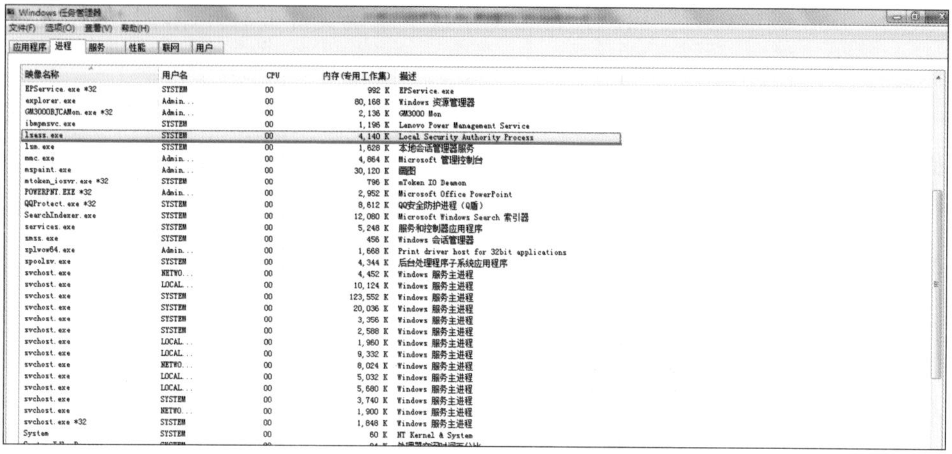

图 5-5　Windows 任务管理器中的 lsass 程序

![提示对话框]

图 5-6　提示 Windows 系统要重新启动

5.1.2　换了马甲都能认识你——SID

现在，每个人一出生，只要报户口，就会产生一个身份证号，跟随你的一生。以后，无论你改什么名字，住在哪里，这个号码会一直跟着你，如图 5-7 所示。

计算机里，一个用户或一个组被创建以后，就会始终有一个编号跟着这个用户或组。以后，无论给该用户改什么名，只要不把它删掉，这个号就始终跟着它。在识别用户是谁、属于哪个组、具有什么权限时，Windows 关心的不是用户叫什么名字，而是这个编号是什么。

图 5-7 身份证号码和 SID

Windows 用来标识用户或组的编号是安全标识符（Security ID，SID），它是标识用户、组和计算机账户的唯一编码。系统中的每一个资源，都会存在允许访问这个资源的用户或组的 SID。

你可以重命名计算机上的 Administrator 账户为"店小二"，如图 5-8 所示，但 Windows 仍然知道"店小二"是 Administrator 账户。因为无论账户名称如何变化，SID 保持不变。在 Administrator 账户改名前后，可以使用 whoami/user 命令查看，都能够看到 Administrator，且 SID 没有变化，如图 5-9 所示。

图 5-8 重命名 Administrator

图 5-9　查询当前用户的 SID

下面来分析一下 Administrator 这个重要的 SID：S-1-5-21-3768593121-3596047296-1135246335-500。

第一项 S 表示该字符串是 SID；第二项是 SID 的版本号，对于 Windows 7/Windows 10 来说，版本号是 1；然后是标识符的颁发机构，对于 Windows 7/Windows 10 内的账户，颁发机构是 NT，值是 5；21 是用来表示子颁发机构的；接下来的 3768593121-3596047296 用来标识域，1135246335-500 用来标识域内的用户和组。

5.2　创建本地用户和组

使用微信的朋友都知道，大家不知不觉地创建了微信用户账号，不知不觉地拉了或者被拉入了很多群。微信里的用户和群，在微信的平台里，也会有各自的权限，控制着各种资源的访问。

在 Windows 系统中，也有用户和组的概念，类似于微信里的用户和群。但这里的用户和组，分为本地的和全局（域）的。

本地的用户和组只在本计算机系统内起作用，本地账户只能登录到一台特定的计算机上，并访问该计算机上的资源。

全局的用户和组，则在一个范围的网络计算机中起作用。全局的用户，也称为域账户，可以登录到域上，并获得访问该网络的权限。

全局的用户和组起作用时，本地的用户和组就不起作用了。

在 SAM 里，维护的账户是本地用户账户；在 SAM 内的组，被称为本地组账户。

5.2.1　内置用户账号

Windows 里有两个内置的本地用户账号（built-in account）——Administrator 和 Guest，如图 5-10 所示。所谓内置用户账号，是指一安装完 Windows 系统，就会有的账号。这种账号无须用户自己创建。

图 5-10　管理员与来宾

1. Administrator（系统管理员）

Administrator 拥有最高的权限，用户可以用它来管理和配置计算机，安装和卸载程序，创建、更改、删除用户和组账户，设置安全原则和用户权限，添加打印机等。此账户无法删除，但为了安全起见，可以将其改名。

2．Guest（来宾）

Guest 是提供给没有账户的用户临时使用的，类似有些论坛上的"游客"。Guest 的权限很有限。你可以更改其名称，但无法将其删除。此账户默认是禁用的（Disabled）。

5.2.2　创建本地用户

在控制面板中，搜索"计算机管理"，在打开的窗口中选择"计算机管理"→"系统工具"→"本地用户和组"选项，拥有管理员权限的用户可以在此创建本地用户账户，如图 5-11 所示。

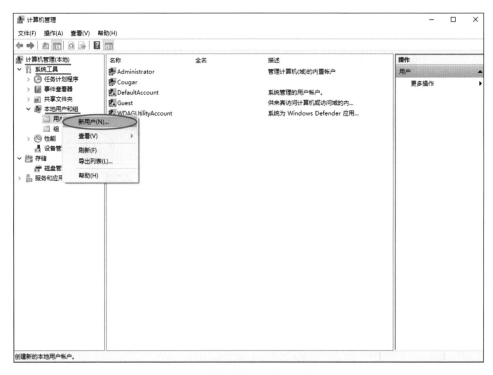

图 5-11　计算机管理的本地用户和组

右击"用户"选项，在弹出的快捷菜单中选择"新用户"命令，弹出"新用户"对话框，输入用户名、全名、描述，以及密码，如图 5-12 所示。

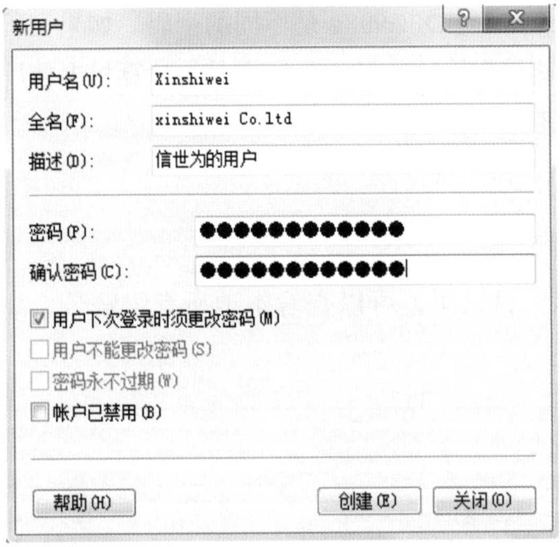

图 5-12 "新用户"对话框

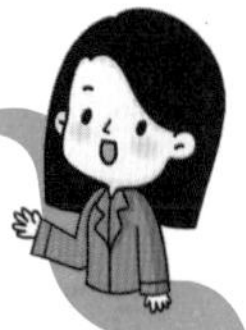

如图 5-13 所示，Guest 和 guEst 在 Windows 看来是同一个账号。

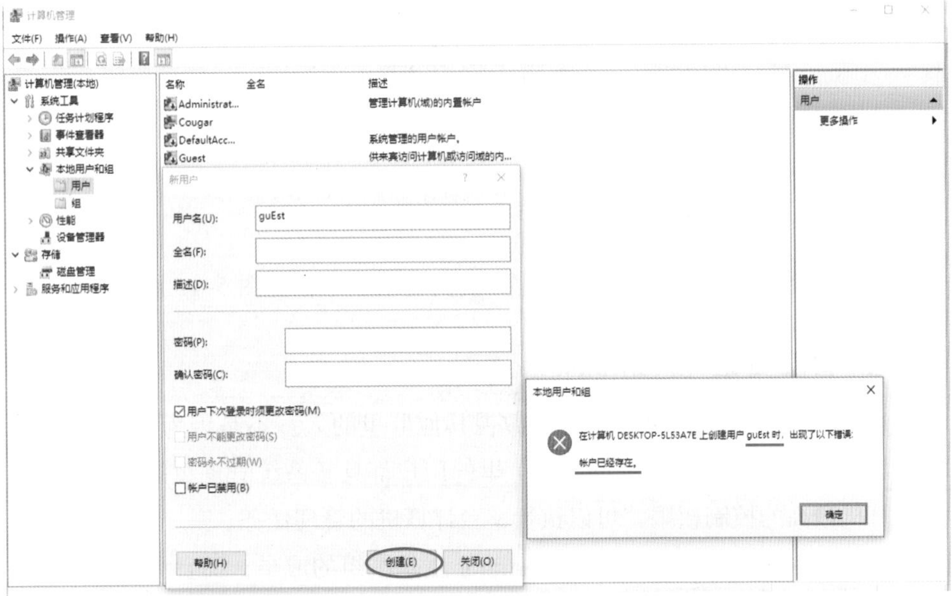

图 5-13 用户账号名对英文字母大小写不敏感

但是对于账号的密码来说，dfg998# 与 DFG998# 是不同的密码。如果密码为空白，则系统默认此用户账户只能够在本地登录，无法在其他计算机上使用此账户登录本机。也就是说，无法进行网络登录。

5.2.3 内置本地用户组

在"本地用户和组"中的"组"目录里，可以查看本地所有组账号，如图 5-14 所示。

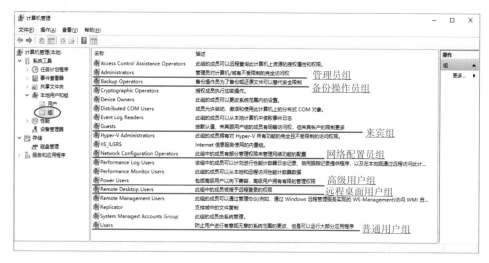

图 5-14　组账号

这里介绍一下安装完系统后就存在的内置组账号，如图 5-15 所示。

1. 管理员组（Administrators）

这个群（组）里的用户，可以傲视其他群里的人。不是因为他们长得帅，而是因为他们权力大。这个群（组）里的用户都具备系统管理员的权限，拥有对计算机最高的控制权限，可以执行整台计算机的管理任务。

内置的系统管理员账号 Administrator 就是本组的成员，而且无法将它从该组删除。

图 5-15　本地用户组

2. 普通用户组（Users）

这个群（组）里的用户，过着普通人的生活，权力不大，事也不多，属于事不关己、高高挂起的一批人。这是最安全的群（组）。属于该群（组）的用户不能修改操作系统的设置或用户资料，不能修改系统注册表设置，也不能安装和卸载程序或修改系统文件。这里的成员可以关闭工作站，但不能关闭服务器。

所有新添加的本地用户账户自动属于该组。

3. 高级用户组（Power Users）

从分配权力的角度来看，这是个比上不足、比下有余的组。该群（组）内的用户具备比 Users 组用户更多的权力，但是比 Administrators 组用户拥有的权力少一些。

这个群（组）里的用户可以创建、删除、更改本地用户账户；创建、删除、管理本地计算机内的共享文件夹与共享打印机；自定义系统设置，如更改计算机时间、关闭计算机等；但是，他们不可以更改 Administrators 与 Backup Operators、无法夺取文件的所有权、无法备份与还原文件、无法安装和删除软件、无法删除设备驱动程序、无法管理安全与审核日志。

他们注定是 Administrator 的影子，是二把手，但永远达不到一把手的高度。

4. 来宾组（Guests）

属于这个群（组）的成员，注定是该计算机系统的匆匆过客。表面上，和 Users 的成员具有同等访问权，但本质上的限制还是有很多。这个组的成员轻轻地离开，做不到雁过留声，甚至无法永久地改变其桌面的工作环境，只能临时做一些影响不大的工作。

5. 备份操作员组（Backup Operators）

属于这个群（组）的成员，也许并没有访问这台计算机中的文件或文件夹的权力，但都可以通过"控制面板"→"系统和安全"→"备份和还原"（Windows 10）或"控制面板"→"系统和安全"→"管理工具"→"备份和还原"（Windows 7）的途径，备份与还原这些文件与文件夹。看守仓库的人，不必知道箱子里具体装的是什么，但必要时，他们可以把这些货物重新放置在更加安全的地方。

6. 网络配置员组（Network Configuration Operators）

属于这个群（组）的成员都很外向，他们时刻准备着帮助本机和网络上的其他计算机进行联系。他们可以在客户端执行一般的网络设置任务，如更改 IP 地址，却不可以安装或删除驱动程序与服务。

5.2.4　创建本地组账户

在控制面板的"计算机管理"→"系统工具"→"本地用户和组"中，右击"组"选项，在弹出的快捷菜单中选择"新建组"命令，如图 5-16 所示，然后在弹出的对话框中设置组名及其他信息，完成后单击"创建"按钮即可完成创建。

图 5-16 新建组

延伸阅读：用户提权的危险

  一个学校或者公司的计算机管理员一般都可以控制不同计算机用户的权限，也就是说，谁能干多大的事，计算机管理员说了算。管理员首先给用户分配一个组，然后基于这个组来控制权限。

  举例来说，将张雷分配在"学校师资管理"组，在这个组里的人有"查询老师""添加老师""修改老师信息""删除老师信息"的权限。这时，张雷进入计算机系统后，就可以完成这些操作。将李丽分配在"学生信息管理"组，在这个组里的人有"查询学生""添加学生""修改学生信息""删除学生信息"等权限。这时,李丽进入计算机系统后,就可以完成这些操作。

可是有一天,一个黑客盯上这个学校的个人信息,想把它们卖给网络诈骗团伙。黑客通过木马软件获取管理员的用户名和密码,把自己加在了"学校师资管理"组和"学生信息管理"组中,把老师和学生的信息全部拿走了。

不久,这个学校的老师和学生的家长都接到了诈骗电话。很多诈骗案件就是这样发生的。

第 6 章

团队和团伙——网络配置管理

　　将多个计算机组织在一起协同工作就是网络，网络可以传输、接收和共享信息。通过网络，我们可以把各个点、面、体的信息联系到一起，实现资源共享和信息交流。本章介绍网络配置管理中最基本的内容：计算机在网络中如何标识自己，如何检查网络节点之间是否通畅，源节点经过了哪些节点到达目的地。

本章我们将学会

- MAC 地址是什么。
- IP 地址是什么。
- 如何查到自己的 MAC 地址和 IP 地址。
- 如何使用 Ping 命令检查端到端的连通性。
- 如何使用 Tracert 命令检查经过的路由节点。

一个人工作，不存在协作的问题，但是个人的力量是有限的，单枪匹马，难以做成大事；几个人凑在一起，意气风发，但没有彼此的协作，充其量是团伙，是乌合之众，也难堪大任；只有多个人，每个人有明确的角色定位，同时能够无缝地互相协作，才能发挥集体的力量，才能称为团队，这样才能所向披靡。

电小白："我这只有一台计算机，怪孤单的，要不给它找个伴？"

清青老师："你要是有两台以上的计算机，就可以组成一个网络了。"

电小白："网络？人和人之间有关系网，计算机之间也有关系网吗？"

"是的，多个计算机之间不但有关系网，也可以有亲疏冷热、上下等级之分。但是它们之间要有彼此能够听得懂的语言和彼此接受的方式，才可以交流信息，配合工作。这样多个计算机组成在一起，就不是'团伙'，而是一个'团队'。组成一个'团队'的多个计算机，就是一个小型网络，我们可以称为'局域网'。"清青老师解释道。

电小白："组成网络有什么用呢？"

清青老师："网络可以传输、接收、共享信息。通过网络，我们可以把各个点、面、体的信息联系到一起，实现资源共享、实现信息交流。我们可以从其他计算机上获取阅读材料，进行图片查看、播放视频，还可以在多个计算机之间进行游戏对抗、聊天交互。"

"这真是一个伟大的工具，让人们交流如此便捷！"电小白高兴地说。

清青老师想让电小白正确地看待网络，不要太沉溺于虚拟世界："网络只是丰富了人们的生活，而不能取代人们的生活；它只能模仿人的感受，而不能取代人的感受；在网上可以直接实现虚拟产品如文字、影音的交易，但哪怕芝麻大点的实物，也必须依靠人来送达。这就是网络发展的局限性。"

6.1　怎么找到对方

我们可以找两、三台计算机，配置好 Windows 系统，用网线或者无线连接好。在 Windows 的资源管理器的"网络"中，便可看到已经联网的计算机。双击任意一台计算机，可以看到该计算机上共享的文件资源，如图 6-1 所示。

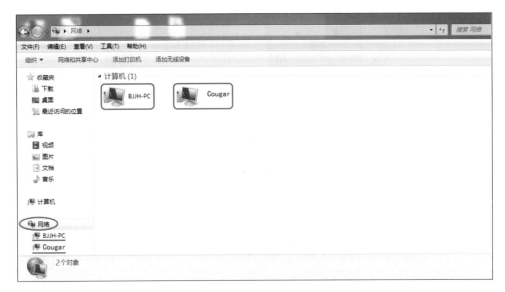

图 6-1　网络上连接着的计算机

　　网络上的计算机是如何找到彼此的呢？有的人说，计算机之间不是用网线和无线连着么，直接找便是了。

　　他住在我家对门，我还找不着他吗？问题是，你知道它准确的位置，所以你才能找到它。如果他搬远了呢？或者说，新农村建设，有很多同样的房子建起来了，一排又一排，你怎么找他啊？你可能会说，那就需要他们家的门牌号了。好的，你找到一个人需要知道他住的地址。

　　计算机也一样，它要找到别的计算机，也需要知道计算机的地址。我们常说的计算机地址有两种：一种是 MAC 地址（Media Access Control，介质访问控制）；一种是 IP 地址（Internet Protocol Address，网际协议地址）。

6.1.1　知识一点通：身份信息——MAC 地址

　　所谓 MAC 地址，就是网卡的硬件地址，或者说是物理地址。这个地址是由网卡生产厂家烧入网卡的存储芯片，是全球唯一的。也就是说，全世界范围内，找不到两个 MAC 地址完全相同的网卡。MAC 地址就如同我们的身份证号码，具有全球唯一性，如图 6-2 所示。

图 6-2　网卡的 MAC 地址

　　有的计算机配置了多个网卡，它就会有多个 MAC 地址。比如我们的计算机可能有无线网卡和有线网卡，就会有至少两个 MAC 地址。

　　MAC 地址在计算机之间进行数据传输的过程中，用来唯一标识一个主机网卡，它是传输数据时，真正标识发出数据的网卡和接收数据的网卡的。MAC 地址的长度是 6B（字节），即 48bit（比特），由 12 个十六进制数组成。

注意

　　每个字节由 8bit 或 2 个十六进制数组成。

　　在命令行用户界面中，使用 getmac 命令可以看到本机所有网卡的 MAC 地址，如图 6-3 所示。

```
命令提示符                                           —    □
soft Windows [版本 10.0.17763.1282]
018 Microsoft Corporation。保留所有权利。

ers\cougar>getmac      获取本机所有网卡的 MAC 地址

址               传输名称

-CC-C9-DB-4D     媒体已断开连接
-5A-9C-94-70     \Device\Tcpip_{FC00F2A9-93A1-4653-A0DC-80F01A825FC4}

ers\cougar>_
```

图 6-3　获取本机的 MAC 地址

6.1.2 知识一点通：门牌号——IP 地址

知道了你的身份信息，你长什么样子，但是怎么找到你呢？得知道你的地址，知道你家的门牌号。

IP 地址就是计算机家的门牌号，如图 6-4 所示。

图 6-4　IP 地址

只知道 MAC 地址，计算机还是不知道所要找的网卡在什么位置。在小的网络中还可以，计算机可以主动发数据包，说："我在这！"但是，当计算机分布在全球各个角落时，它不可能有一个超大功率的扩音器，让世界上所有计算机都能听到："我在这！"

这时，就需要 IP 地址。IP 地址就是用来寻找计算机地址（寻址）的，它就相当于人的地址信息，如 ×× 市 ×× 区中山路 100 号，计算机知道了这个地址，就可以一路找下去，最终找到目的地。

如图 6-5 所示，季小姐拨打 119 报警："我家着火了！"

消防员："你家住哪？"

季小姐："我的衣服还挺好看！"

消防员："我问你家住哪？我没问你衣服。"

113

季小姐："我身份证号是 12××××！"

消防员："我怎么才能找到你啊？门牌号？"

季小姐："我的门牌号是 192.168.126.1"

图 6-5 怎么能找到你

IP 地址包含两部分：一部分是网络号；一部分是主机号。我们可以这样理解，网络号就相当于你家小区的地址；而主机号就相当于你家在小区的具体哪个楼、哪一层、哪一个门牌号，如图 6-6 所示。

图 6-6 网络号和主机号

你在找一个人时，要先寻找他住的小区。问路时，会问"某某小区在哪里？"。

计算机在找目的地时，也会不断询问目的地怎么走。问路的对象名字叫"路由器"。这个路由器，不知道具体主机在哪里，但它知道，你要找的主机的网络号在哪里。换句话说，这个给计算机指路的人（路由器），并不关心你要找的主机号，而只关注网络号。

说到这里，大家可能清楚了，IP 地址是用来寻找计算机的网络层地址的。当你换了地方时，你的身份信息不会变，但你的住址一定会变。计算机也是如此，你从北京到了上海，计算机的 MAC 地址是不变的，但计算机的 IP 地址就必须变，否则别人就找不到你了。

IP 地址由 4 个字节、32 个比特组成，通常被分割为"a.b.c.d"。其中，a、b、c、d 都是 0 ～ 255 的十进制整数，这个形式叫作"点分十进制"，如图 6-7 所示。

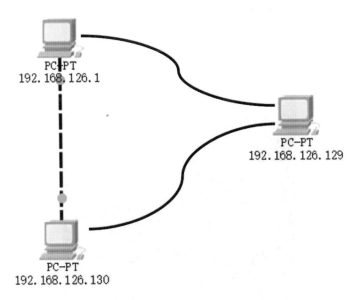

图 6-7　计算机网络中的 IP 地址

那么，如何区分一个 IP 地址，哪部分是网络号，哪部分是主机号呢？

此时子网掩码（subnet mask）便派上用场了。子网掩码只有一个作用，就是将某个 IP 地址划分成网络地址和主机地址两部分。子网掩码不能单独存在，它必须结合 IP 地址一起使用。

例如，子网掩码为 255.255.0.0，说明 IP 地址 "a.b.c.d" 的前两位 a.b 是网络号，后两位 c.d 是主机号。

举例来说，我们上面的 IP 地址为 192.168.126.1，子网掩码为 255.255.255.0。这说明，它的网络号为 192.168.126，主机号为 1。

6.1.3　我自己的地址信息在哪里

说到这里，肯定有人会问：我该怎么知道我本机的 MAC 地址和 IP 地址呢？

别着急，首先采用如图 6-8 所示的方法或通过控制面板打开 "网络和共享中心" 窗口，如图 6-9 所示。在当前网络连接的位置上单击一下，弹出如图 6-10 所示的对话框，单击 "详细信息" 按钮，弹出的对话框中便显示了详细的地址信息，包括 MAC 地址（物理地址）和 IP 地址，如图 6-11 所示。

图 6-8　通过任务栏打开网络和共享中心

图 6-9　通过控制面板找到当前网络连接

图 6-10　当前网络连接的状态

图 6-11　网络连接详细信息

在 Windows 10 版本里，除了支持上述获取网络连接状态信息的方法，还支持如图 6-12 所示的方法。

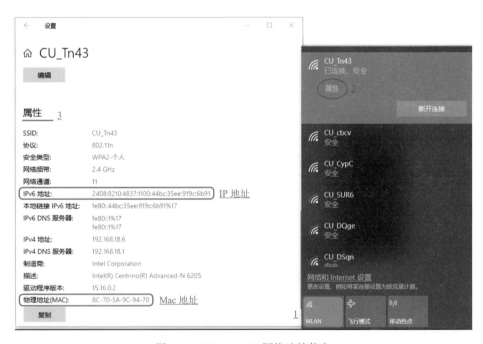

图 6-12　Windows 10 网络连接信息

但刚才看到的地址信息，并不是所有网卡的信息，只是当前处于连接状态的无线网卡的地址信息。我们的计算机上还有有线网卡（或者叫以太网卡），我们怎么查询它的地址呢？

在命令行用户界面中，输入"ipconfig /all"命令，如图 6-13 所示。

图 6-13 使用"IPConfig /all"命令查询本机的 IP 地址和 MAC 地址

6.2 网络通不通

上网的时候，经常会遇到一些网络问题，如某网页突然无法访问。此时我们就需要初步判断究竟是哪个环节有问题。在 Windows 中，可以使用自带的工具进行网络连通性测试。

6.2.1 网络是否通畅

我怎么知道自己是否已联上网？图 6-8 所示是计算机已经联网的状态，图 6-14 所示是当前没有联网的状态。

图 6-14 没有联网的状态

这里告诉你，本机即使已经联网，但是否能访问目的计算机，还不能确定。我们需要使用 Ping 命令来测试从本机到对端计算机的连通性。

Ping（Packet Internet Groper，因特网包探索器）是包括 Windows 在内的主流操作系统的一个常用命令。

Ping 属于互联网通信协议（我们称为 TCP/IP）的一部分。所谓通信协议，就是网络上计算机之间互相沟通使用的语言和方式，大家要按照约定俗成的方式进行交互。

你说点头 Yes，摇头 No；他说摇头 Yes，点头 No。其实，什么代表 Yes、什么代表 No 没关系，只要双方遵循共同的规则，就能互相交流，如图 6-15 所示。TCP/IP 协议就是这个计算机要遵循的共同规则。

图 6-15　共同的规则

Ping 是用于测试网络连接的命令，可以用来检查网络是否通畅，也可以测量网络连接速度。Ping 命令通常用来作为网络连接的可用性检查，可以很好地帮助我们分析和判定网络故障。

网络上主机的 IP 地址是唯一的。Ping 命令的原理是给目标主机发送一个回声请求消息，请求目标主机回应。只要本地主机收到了目标主机的回应，便知道本地主机和目标主机之间的网络连接是通的，而且可以测量出本地主机从发出请求消息到收到回应之间用了多长的时间。

例如，如图 6-16 所示，本地计算机："山鸡，山鸡（目标 IP 地址），我是田鼠，我是田鼠（本地 IP 地址），收到请回答！"

目标计算机："田鼠，田鼠，已经收到（回应）！"

图 6-16　Ping 连通性测试

我们让两台计算机连在同一个局域网内，记下每个计算机的 IP 地址，使用 Ping 命令测试一下两台计算机网络上是否已经连通，如图 6-17 所示。命令的格式如下：

Ping [目标主机的 IP 地址或域名]

图 6-17　测试两台计算机的连通性

我们也可以使用 Ping 命令，来测试本机和远程主机或某一网站的连通性。如图 6-18 所示，测一下从我们的计算机到百度网站是否连通。

```
C:\Users\Administrator>ping baidu.com ——— Ping 命令后 +baidu.com

正在 Ping baidu.com [111.13.101.208] 具有 32 字节的数据:
来自 111.13.101.208 的回复: 字节=32 时间=5ms TTL=57     收到百度网站的回应,
来自 111.13.101.208 的回复: 字节=32 时间=5ms TTL=57     使用的时间为 5ms
来自 111.13.101.208 的回复: 字节=32 时间=5ms TTL=57
来自 111.13.101.208 的回复: 字节=32 时间=5ms TTL=57

111.13.101.208 的 Ping 统计信息:
    数据包: 已发送 = 4, 已接收 = 4, 丢失 = 0 (0% 丢失),
往返行程的估计时间(以毫秒为单位):
    最短 = 5ms, 最长 = 5ms, 平均 = 5ms
```

图 6-18　测试到百度网站的连通性

6.2.2　经过哪些节点

我们刚才使用 Ping 命令测试了两个主机之间的连通性。在互联网中,任何两台计算机之间,不可能都是直接相连,中间需要经过很多网络设备,如图 6-19 和图 6-20 所示。这些中间网络设备起到了一个转发数据和帮助寻找目的地址的作用。我们将帮助寻址和转发数据的设备称为路由器。

图 6-19　在网络上找路

如果我们不能通过网络访问目的网站时,也就是说,使用 Ping 命令无法连通目的地址时,就需要判断问题出在哪里,问题不仅会出现在目的主机那里,也可能出现在转发数据包的中间的某个路由器节点上。

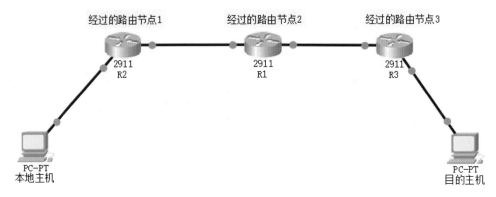

图 6-20　本地主机到目的主机之间经过多个路由节点

我们可以使用 tracert 命令来进行判断。tracert 为 trace router（跟踪路由节点）的缩写，其格式如下。

tracert [目标主机的 IP 地址或域名]

tracert 是所经历的路由节点的跟踪程序，用于确定 IP 数据包访问目标所经过的路径。

打开命令行用户界面，输入"tracert"，并在后面加入一个我们要跟踪所有路由节点的目的地址，如 baidu.com，如图 6-21 所示。

```
命令提示符                                              —    □    ×

C:\Users\cougar>tracert baidu.com

通过最多 30 个跃点跟踪
到 baidu.com [220.181.38.148] 的路由:

  1    4 ms    1 ms    1 ms   192.168.18.1 [192.168.18.1]
  2    8 ms    3 ms    5 ms   100.80.64.1
  3    7 ms    3 ms    3 ms   dns105.online.tj.cn [117.8.161.105]
  4   37 ms    *      34 ms   dns101.online.tj.cn [117.8.222.101]
  5    6 ms   12 ms    6 ms   219.158.7.221
  6   13 ms    7 ms    7 ms   219.158.3.70
  7    *       *       *      请求超时。
  8    8 ms    *       *      202.97.17.117
  9    *       *       *      请求超时。
 10    *       *      12 ms   36.110.246.201
 11    *       *       *      请求超时。
 12   12 ms   12 ms    9 ms   220.181.17.150
 13    *       *       *      请求超时。
 14    *       *       *      请求超时。
 15    *       *       *      请求超时。
 16    9 ms    8 ms    8 ms   220.181.38.148

跟踪完成。

C:\Users\cougar>
```

图 6-21　使用 tracert 跟踪到百度的路由节点

使用 tracert 命令输出的信息分为 3 部分：最左边的第一部分是所经过节点的序号；第二部分共 3 个信息，分别是 3 次发送的数据包返回响应的时间，单位为毫秒（ms）；第三部分是途经路由节点的 IP 地址。

延伸阅读：互联网的由来

最早的互联网始于美国军方。1969 年，美军把美国西南部 4 所大学的 4 台主要计算机按照一定的协议连接了起来，后来越来越多的大学加入进来。

最初的网络是给计算机专家、工程师和科学家用的。那个时候还没有家庭和办公计算机，并且任何一个用它的人，无论是计算机专家、工程师还是科学家，都不得不学习非常复杂的系统知识。

以太网（TCP/IP）协议的出现，使得互联网迅速发展起来。到 1983 年，整个世界普遍采用了这个体系结构。

不用说书籍，即使是报纸，从编辑、排版、印刷到发行都需要时间，而网页则非常简单，只要放在网上就行了。互联网上影响最大的新闻网页，如美国有线新闻网，每小时更新一次内容，读者可以常看常新，随时追踪事件的发展。

互联网信息发行简单、传播快速、发布范围广的特点，使得它很快在各国得到了迅猛的发展，基于互联网的应用也层出不穷。

第 7 章

外部资源的合作模式——设备管理

　　计算机系统由主机部分和外设部分组成。在计算机系统里运行的设备又可分为系统设备和用户设备。在操作系统里，每一个设备要想正常运行，都需要驱动程序的支撑。每一个设备的运行情况如何，也需要计算机使用者有个初步的了解。本章将介绍设备管理相关的内容。

本章我们将学会

- 什么是外部设备。
- 什么是驱动程序。
- 驱动程序从哪里获取。
- 驱动程序的作用。
- Windows 设备管理及设备状态。
- Windows 驱动程序的管理。
- 缓冲技术的概念。

主机部分　　　　　　　外设部分

7.1 知识一点通：外设、输入/输出设备、系统设备、用户设备

"一个好汉三个帮"，就是说一个人能量再大，也需要外部资源的配合。例如，一个大型企业，需要整合很多产业链上的外部资源，才能够满足客户的多样化需求，让企业运作良好。

一个计算机系统，就好比一个高效运行的企业，需要整合很多外部资源，才能实现多种多样的功能。前面讲过，我们可以把计算机系统的运算器、控制器和内存称为主机，而将主机之外的设备都叫作外部设备（外设）。

这些外部设备相对于计算机主机来说，要么属于输入数据的设备，要么属于输出数据的设备，我们可以统称为输入/输出设备（Input/Output Device，I/O设备）。

一台计算机可能应用于多种场景，它需要整合的外部设备也是种类繁多。

有些外部设备是计算机系统运行的基本设备，如鼠标、键盘、显示器、外存储器、打印机等。这些常用的设备一般具备统一的标准，计算机操作系统中也会有标准的处理程序，无须用户单独进行设备处理程序的安装。这部分常用的、标准的基本设备，我们称为系统设备。

有的人喜欢打游戏，给自己的计算机装了一个游戏杆；有的人喜欢跳舞，给自己的计算机装了一个跳舞毯；还有一些人为了工作，给自己的计算机装了专业的录音、录像设备……这些装备，我们称之为用户设备。

显然，用户设备的处理程序，由于其特殊的应用场景，不可能像系统设备那样，在操作系统里提前做好安排，只能由用户在安装设备时提供给操作系统。操作系统有能力将各种外部设备的操作处理程序有效地管理起来。

7.2 设备的灵魂——驱动程序

计算机通过操作系统和硬件沟通。在操作系统里，负责和硬件通信的就是驱动程序。所谓驱动程序，就是指"驱动"设备、和设备进行通信的特殊程序。

7.2.1 知识一点通：驱动程序

驱动程序的英文（Device Driver）更直观，直译为"设备的司机"，如果把计算机里的设备比作一辆出租车，驱动程序的角色就是司机，你只需要告诉出租车司机左转、右转，而不需要亲自操作车辆。司机起到了帮助乘客控制车辆方向的中介作用。

操作系统里负责设备接口工作的，就是驱动程序。只有通过这种程序，才能控制硬件设备的工作。假如某个设备的驱动程序未能正确安装，这个设备便不能正常工作。如同一辆出租车上的司机不会驾驶，普通的乘客就无法使用车辆一样。

驱动程序是硬件厂商编写的配置文件，是添加到操作系统中的一小块代码，包含了有关硬件设备的信息。凡是用户要安装一个原本不属于计算机基本硬件的设备时，系统就会要求用户安装驱动程序，将新的硬件与计算机系统连接起来。

驱动程序可以说是"硬件的灵魂""硬件的主宰""硬件和操作系统之间的中介"。驱动程序起到了让硬件和系统沟通的作用，把硬件的功能告诉计算机系统，并且将计算机系统的指令传达给硬件，让它开始工作。

7.2.2 不可或缺的驱动程序

电小白同学："我们并没有安装硬盘、显示器、光驱的驱动程序，但我们仍然能使用它，可见驱动程序不重要！"

清青老师："你的认识太片面了。"

很多时候，我们并不需要安装硬件设备的驱动程序，并不是不需要驱动程序，而是操作系统本身就已经集成了很多常用的驱动程序。但驱动程序的不可或缺性是毋庸置疑的。

不同版本的操作系统，对硬件设备的支持也是不同的。版本越高，所支持的硬件设备也越多，现在的 Windows 操作系统，只要安装好系统，不用再安装驱动程序，就可以满足初级使用者的需求。现在的即插即用硬件设备，驱动程序在操作系统里通常默认就有，无须重新安装，但并不是说它不存在，如图 7-1 所示。

图 7-1　即插即用硬件

为了保证硬件的兼容性及增强硬件的功能，硬件厂商会不断地升级驱动程序，我们要确保使用的操作系统、硬件和相应驱动程序之间匹配、兼容。

"我怎么才能获取刚买的硬件的驱动程序呢？"电小白问道。

清青老师："一般有 3 种途径得到驱动程序。"

"哪 3 种？"电小白迫不及待地问。

清青老师："第一种，购买的硬件一般都附带驱动程序，大多可在操作系统中自动加载；第二种，操作系统自带大量的驱动程序，也许你可以在这里找到所购买硬件的驱动程序；第三种，就是从网上（Internet）下载驱动程序（见图 7-2）。小白，你说哪一种途径可以获得最新的驱动程序？"

图 7-2　驱动程序的 3 种获取方式

电小白不太确定："是不是从网上能够找到最新的驱动程序？"

清青老师："要相信自己啊，你回答对了。"

"我想听音乐！"电小白说。

此时，清青老师帮小白打开播放器，选中了想要听的歌曲。操作系统接收到了播放器指令，这是一个上层高级编程语言的指令，操作系统把它交给了声卡驱动程序；声卡驱动程序把这个指令翻译成声卡硬件设备能听懂的电子信号，然后声卡就播放出了音乐，如图 7-3 所示。

图 7-3　播放音乐

7.2.3　驱动程序的具体职责

"说了半天驱动程序的作用如何大，那它这个接口工作究竟具体干些什么呢？"电小白问道。

清青老师："既然外部设备接到了计算机上，就一定会和计算机主机之间进行信息交互。不和计算机交互信息的外部设备，就是摆设。交互信息，就是从外围设备输入到计算机，或者从计算机输出到外围设备！"

"这就是所谓的输入 / 输出操作！"电小白快言快语地说。

"对了。说的洋气点，就是 I/O 操作。驱动程序要完成的第一个重要工作就是 I/O 操作，这是驱动程序的关键动作。比如我们要打印一页纸，需要通过驱动程序给打印机发出一个打印命令，并且把要打印的数据输出到打印机设备上（见图 7-4）。"清青老师讲了一下。

电小白："这就是驱动程序的全部工作了？"

"不是的。在这个过程中，驱动程序还有一些辅助的工作，如检查给打印机的命令是否合法，查看一些打印机是否处于繁忙状态，设置打印机是双面打印还是单面打印等。"清青老师说道。

图 7-4　打印过程

清青老师最后总结了驱动程序的职责包括以下几点。

❋　把系统的抽象的 I/O 操作命令转换成外部设备能听得懂的具体要求。

❋　检查用户 I/O 命令的合法性。

❋　监控和查询外围设备的状态。

❋　给外围设备传递必要的参数。

❋　设置外围设备的工作方式。

7.3　了解设备运行情况——查看 Windows 设备状态

作为一个计算机系统的管理员，经常会关注底层硬件配置有哪些变动，相应设备的驱动程序是否正确安装，什么时间安装的，和自己调整安装硬件的时间是否匹配，有没有自己不知道的、被动更新的设备驱动程序，设备运行的状态如何等，如图 7-5 所示。

图 7-5　设备运行状态查看

一个非常严峻的问题：你的硬件是否被不法分子恶意控制，给你做了你不需要的更新？

清青老师考虑的问题，在电小白看来都是不着边际的事情，但是电小白想做点看得见摸得着的事情。他问："驱动程序，我在哪里能找到呢？"

清青老师："这个简单，我们在控制面板里打开设备管理器，用鼠标选中'声音、视频和游戏控制器'等选项。例如，选择一个音视频的硬件，右击，在弹出的快捷菜单中选择'属性'命令，便可以看到设备的运行状态、驱动程序的详细信息、什么时候更新的、版本号是多少等，如图 7-6 所示。我们在这里也可以'更新'相应的驱动程序。如果更新失败，可以将驱动程序'回滚'到前一个版本。'禁用'设备或者'卸载'驱动程序都会使硬件停用，要谨慎选用。"

图 7-6　驱动程序的位置

7.4　知识一点通：缓冲

　　想象一个场景，我们要把车上的货搬下来，送到库房，摆整齐。现有两个人配合做这件事，一个人叫疾如风，另一个人叫稳如钟。疾如风负责把车上的货搬下来，送到稳如钟的手里，稳如钟再把货物送到库房并摆好。问题出现了，疾如风动作快、步子大，得在交接的地方拿着货物等待稳如钟，而稳如钟还是整整齐齐地摆放着货物，慢慢悠悠工作着。明显疾如风的步子太大，稳如钟跟不上，这样就浪费了疾如风的很多能量和时间，如图 7-7 所示。

　　速度快的疾如风和速度慢的稳如钟，该如何协调工作呢？如何尽可能地发挥疾如风和稳如钟各自的优势呢？

图 7-7 速率匹配问题

聪明的老板想到一个办法，在货物交接的地方放一张桌子，让疾如风把货物放在桌子上，稳如钟从桌子上取货。我们把这张桌子叫作缓冲台，如图 7-8 所示。这样疾如风便不必老等着稳如钟。这时有个叫行如水的人来取货物，疾如风还可以抽出时间帮行如水取货，而不影响整体进度。

图 7-8 缓冲台

我们可以把计算机系统中的指令或数据看作需要传送的货物，这些货物需要在系统中各个部分之间进行传输。

一个叫"程序指令"的信件从硬盘中取出来，被送到内存中，然后内存把它送到 CPU 中去处理，信件里的指令要求 CPU 从一个输入设备中取一些数据，这些数据经过内存被送到 CPU 中进行加工，加工完后，经过内存送到输出设备上。

我们可以把计算机系统当作"指令或数据"的一个物流体系，指令和数据在系统中传输，就是信息流，类似于生活中的物流。

计算机系统的这个物流体系在运行过程中也会有问题，不同部件的信息处理速度是不一样的，比如 CPU 的步子大一些，动作快一些；而其他的外部设备，如打印机、绘图仪等，动作就慢一些，它们总感觉 CPU 的步子太大，跟不上。怎么办？

缓冲器，就相当于在高速 CPU 和慢速外围设备之间暂时放置数据的"桌子"，它首先解决了 CPU 和慢速外围设备之间数据传输的速度不匹配的问题。

举例来说，我们想使用打印机输出计算机某程序中间计算的结果。这里打印机的角色是稳如钟，CPU 的角色是疾如风。由于打印机的运行速度比 CPU 慢得多，在 CPU 把处理的数据输出给打印机时，它总得停下来等待打印机打印，CPU 的工作效率就这样降了下来。

为了解决"匹配"这个问题，就在内存中设立一个缓冲器（如同放货的桌子），这样，某一程序要把中间计算结果打印出来时，CPU 可以快速地把数据放在内存的缓冲器中，然后它再去忙别的事情，而缓冲器中的数据则慢慢地送到打印机上输出。这样，缓冲器便起到了匹配高速的 CPU 和低速的打印机的作用，如图 7-9 所示。

在内存中设立缓冲器的作用，就是缓冲技术。缓冲技术是计算机系统设备管理很重要的技术，它是计算机系统内部信息流高效传送的关键技术。

图 7-9　缓冲器的作用

延伸阅读：未来计算机设备管理的趋势

　　将来，量子计算机、神经网络计算机、化学和生物计算机、光计算机等都可能出现，并大量应用。与此同时，与之相兼容的计算机内部设备和外部设备，必然会有大量的更新，相应操作系统的设备管理功能也会与之适应。

　　量子计算机是一类遵循量子力学规律进行高速数学和逻辑运算、存储及处理的量子物理设备。计算机的设备均由量子元件组装，处理和计算的是量子信息，运行的是量子算法。

　　神经网络计算机模拟大脑的神经网络，用许多处理机模仿人脑的神经元机构将信息存储在神经元之间的联络网中。人脑总体运行速度相当于每秒 1000 万亿次的计算机功能，可以看作一个大规模并行处理的、紧密耦合的、能自行重组的计算网络。

化学计算机以化学制品中的微观碳分子作为信息载体，来实现信息的传输与存储。生物计算机利用 DNA 分子，在酶的作用下可以从某基因代码通过生物化学反应转变为另一种基因代码。利用这一过程可以制成新型的生物计算机，其最大的优点是具有生物活性，能够跟人体的组织结合在一起，特别是可以和人的大脑和神经系统有机地连接，使人机接口自然吻合，免除了烦琐的人机对话。目前，科学家已研制出生物计算机的主要部件——生物芯片。

光计算机是用光子代替半导体芯片中的电子，以光互连来代替导线制成数字计算机。与电设备的特性相比，光设备具有无法比拟的优点，光在介质中传输，不存在寄生电阻、电容、电感和电子相互作用的问题。因此，在光设备中传输的信息畸变或失真小，同时容量大，相比电子设备，可在同一条狭窄的通道中，使传输数据的数量呈指数级增长。

第 8 章

存放衣物的柜子如何管理——存储管理

计算机系统中存放程序或者数据的地方称为存储器，其可分为内存和外存。本章重点介绍外存管理，如格式化操作、磁盘分区、磁盘检查和整理等常用的操作。

本章我们将学会

- 什么是存储管理。
- 如何进行格式化。
- Windows 下硬盘如何分区。
- 如何进行 Windows 的磁盘检查和纠错。
- 如何进行 Windows 的碎片整理。

计算机系统的程序或者数据需要有一个存放的地方，我们称这个地方为存储器。如同我们自己家里需要有存放衣物和日用品的柜子一样。

我们放东西的地方有床头柜、大衣柜。床头柜比较小，能放的东西少，但躺在床上时使用方便；大衣柜则相反，能放的东西比床头柜多，但在床上去找大衣柜里的东西，相对床头柜来说，还是费事一些。

前面介绍道，存储器分为内存和外存，内存速度快，但容量小，价格贵；外存容量大，价格便宜，但速度较慢。磁盘或者硬盘、U 盘都属于外存。

存储管理包括内存和外存的管理。内存管理离初级用户比较远，涉及复杂的理论，属于高级学员学习的内容；但外存的管理，初级用户是能够看得见、摸得着的。我们这里就重点介绍外存的管理。

8.1 拿块新硬盘试一下——格式化与分区

我们想把一个房间改造成书房，这个房间以前存放的东西需要被清理出去。首先，我们做一下房屋空间的初始化。此时，我们也不能把书往屋里地上一扔，而是要把它做成一个书房的样子，支起书架，分门别类贴好标签，如图 8-1 所示。

图 8-1　房间改造前后

8.1.1 磁盘空间的重新构建

我们新购买的硬盘，在能够使用之前，首先需要让操作系统认得它，方法是在磁盘中写入一些记号，以便操作系统可以取用磁盘上的数据；或者对于一个已经有数据的硬盘，我们想要重新安排它的格式和用途。以上两种情况，都需要对硬盘进行格式化。格式化的过程，如同对一个新房间重新清扫，然后安排新用途的过程。

格式化（format）的动作，是磁盘空间管理中最常见的工作。对磁盘或磁盘中的分区（partition）进行初始化时，会导致现有的磁盘或分区中所有的程序、文件被清除。所以，做格式化的动作一定要非常慎重，必要时做好原有数据的备份，准备好应急预案。

格式化的动作虽然简单，但曾经也有血淋淋、损失上亿的事故。以下根据真实案例改编。

一个秋高气爽的夜晚，某 IT 厂家人员给某运营商的设备进行扩容（就是增加系统的容量）操作。在对扩容磁盘进行格式化时，一不小心把有用户数据的磁盘也格式化了，导致数十万用户打不了电话。

昨天还和同学煲电话粥，约明早一起吃早餐。今天早晨再一打电话，却有一个声音很细的女生说："您拨打的电话是空号。"这还是小事，有的人可是约好了第二天见面还钱的，大家可以想象一下，当债主满怀希望地拨打对方电话，听到"您拨打的电话是空号"时，内心是什么感觉（见图 8-2）。

图 8-2 格式化的危险性

这次特重大事故，相关责任人都或多或少得到了处罚。这就告诉我们，在实际工作中，格式化的操作是要非常慎重的。

说了这么多，就想告诉大家，对有数据的硬盘进行格式化操作，是非常危险的事情，大家一定要慎之又慎。

所以，我们在做格式化操作实验时，可以选择一个可以随便操作的 U 盘，把里面有用的数据和文件备份在硬盘上，然后插在 Windows 系统的计算机上。

格式化的方法有很多种，下面分别进行介绍。

第一种格式化的方式：在控制面板中选择"系统和安全"→"管理工具"选项，然后双击"计算机管理"选项，在打开的"计算机管理"窗口中选择"计算机管理"→"存储"→"磁盘管理"选项，可以看到一个可移动的磁盘已经挂在系统上了，如图 8-3 所示，我们可以选中这个移动硬盘，然后右击，在弹出的快捷菜单中选择"格式化"命令。

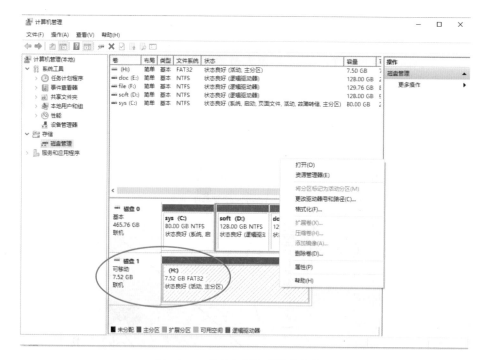

图 8-3　U 盘插入系统后的磁盘管理

格式化是一个危险的操作，所以系统会弹出如图 8-4 所示的对话框，提示用户格式化后可能会丢失原来所有的数据，你确定要做这个动作吗？

图 8-4 提示格式化的危险

第二种格式化的方式：使用 Windows+E 快捷键，如图 8-5 所示，可以打开如图 8-6 所示的窗口，选中要格式化的可移动硬盘，右击，在弹出的快捷菜单中选择"格式化"命令，然后在弹出的对话框中进行格式化操作。

图 8-5 打开 Windows 资源管理器的快捷键

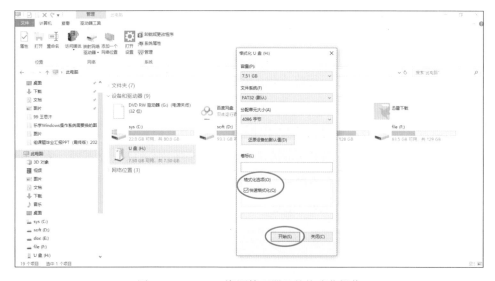

图 8-6 Windows 资源管理器里的格式化操作

第三种格式化的方式：在命令行用户界面，可以使用 format 命令对 U 盘进行格式化，如图 8-7 所示，这里的 U 盘的盘符是 H。在测试时，需要根据 U 盘的实际盘符进行操作，千万不能选错，否则可能会丢失重要数据。

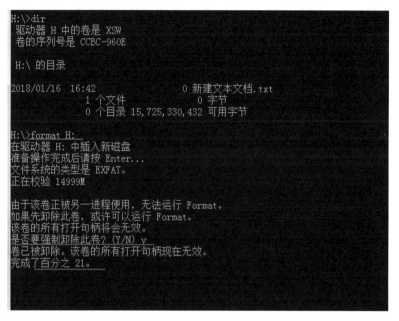

图 8-7　命令行用户界面格式化 U 盘的过程

此时系统会提示你，准备操作完成后按 Enter 键。在按下 Enter 键之前，还有反悔的余地。一旦按下 Enter 键，格式化的动作就开始执行。如果 U 盘正在被其他进程使用，则无法运行格式化。我们允许强制卸除别的程序对该 U 盘的控制，然后格式化就开始了。

磁盘分区后，必须经过格式化才能够正式使用。格式化时，可以根据操作系统和文件系统的不同，选用不同的磁盘格式。类似存放的衣物不同，衣物间的大小不同，每个隔间就有不同的设计形式。

常见的磁盘格式有 FAT（FAT16）、FAT32、NTFS、ext2、ext3 等。目前 Windows 系统最常见的磁盘格式是 NTFS，而 ext2、ext3 是 Linux 操作系统适用的磁盘格式。

8.1.2　空间重新划分——硬盘分区

假如你的家里有一个储物间，少量物品可以直接放在储物间里。但物品又多又杂时，我们希望分类存放物品，这时就需要对储物间的空间进行划分，分成一个一个不同用途的隔间，分别存放不同类型的物品，如图 8-8 所示。

图 8-8　储物间空间划分

硬盘就是计算机系统中的储物间，只不过这里存放的物品是无形的程序、文件、信息和数据。磁盘分区就是把硬盘这个计算机系统的储物间分割成不同的存储空间，不同类别的目录与文件可以存储在不同的分区里。

一块新的硬盘，在使用之前必须进行分区和格式化。

硬盘分区是一把双刃剑。计算机的硬盘有越多的分区，就会有越多不同的空间，可以将文件的性质区分得更细；但问题的关键是如果分区太多，空间管理、访问许可与目录搜索就非常麻烦。所以，磁盘分区的关键点就是确定好不同分区的大小，使得分区数目不多不少，如 2 ～ 6 个分区，以便于管理和使用。

在传统的磁盘管理中，可以将一个硬盘分为两大类分区：主分区和扩展分区。硬盘容量等于主分区加扩展分区容量。

主分区就是安装操作系统和计算机启动时访问的分区。这样的分区格式化后，可用于安装系统，然后存放文件。一个硬盘的主分区数目是有限制的，例如，一个硬盘至少有一个主分区，最多只能存在 4 个主分区。

分出主分区之后，应该把剩下的硬盘容量全部划分给扩展分区。扩展分区必须分割成一个一个的逻辑分区，然后才可以使用。一个扩展分区中的逻辑分区可以有任意多个，所有逻辑分区的容量之和等于扩展分区。

分区工具有很多种，有第三方的软件，也有操作系统自己提供的磁盘管理工具。在 Windows 操作系统中，我们可以使用控制面板里的磁盘管理工具来进行分区，也可以使用 diskpart 命令调整磁盘分区的大小，如图 8-9 所示。

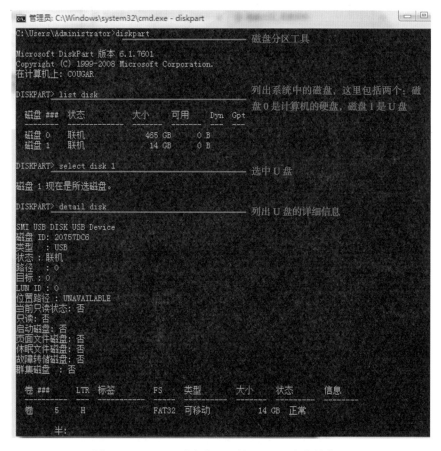

图 8-9　Windows 磁盘分区工具 diskpart 命令的使用

在命令行用户界面（cmd）中，输入"diskpart"命令后按 Enter 键，便可进入 diskpart 的命令环境（其提示符为"DISKPART>"）。

分区前，可以做一些准备工作。例如，使用 list disk 命令列出当前计算机上的所有物理磁盘；使用 select disk X 命令选择要操作的物理磁盘，其中"X"代表磁盘的编号；使用 detail disk 命令查看磁盘的详细信息。这些工作，不涉及对磁盘的分区操作，只不过是了解目前磁盘的状况，所以比较安全。

以下是分区操作的动作。分区操作会使硬盘上的数据丢失，所以大家在使用分区操作之前，务必做好数据的备份。这里选用一个 100GB 的硬盘，给大家做一下硬盘分区的操作实验。操作实验之前，需要确认选用的硬盘是可以用来实验的。

第一步，创建主分区，大小为 30GB。

如图 8-10 所示，使用"create partition primary size=30720"命令进行创建。其中，create partition 表示创建分区；primary 表示创建的是主分区（如果这个位置是 logical，表示是逻辑分区；如果是 extended，表示是扩展分区）；size 表示分区大小，单位为 MB。

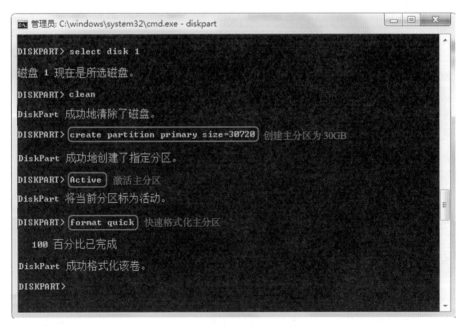

图 8-10　创建主分区

第二步，使用 Active 命令激活主分区，然后快速格式化硬盘。

为什么要激活？因为激活后，分区信息和唯一的活动分区标记会写入硬盘分区表，这样当启动计算机时，BIOS 会检测主分区的操作系统（io.sys 文件），然后操作系统就可以控制启动权。

第三步，创建扩展分区。

把剩下的容量全部划分成扩展分区，如图 8-11 所示。这里已经把 100GB 的硬盘划分 30GB 给主分区了，所以用剩下 70GB 来创建扩展分区。

图 8-11　创建扩展分区

第四步，创建逻辑分区。

使用"Create partition logical size=30720"命令创建第一个逻辑分区，如图 8-12 所示。

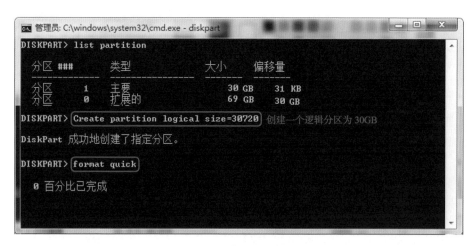

图 8-12　创建一个逻辑分区

这里使用 diskpart 工具，完成了对一块新硬盘的分区操作。常用的 diskpart 分区命令如表 8-1 所示。

表 8-1　diskpart 命令一览

命　令	含　义	命　令	含　义
list disk	显示本机的所有磁盘	active	激活主分区
select disk 0	选择 0 号磁盘	format quick	快速格式化当前分区
clean	清除当前磁盘上所有的分区	exit	退出 diskpart 命令环境
create partition primary size=x	创建主分区，容量为 x MB，用户可以自行设置此数值		
create partition extended	创建扩展分区		
create partition logical size=x	创建逻辑分区，容量为 x MB，用户可以自行设置此数值		

8.2　磁盘检查与整理

用鼠标选中任意一个磁盘分区，单击鼠标右键，在弹出的快捷菜单中选择"属性"命令，可以看到如图 8-13 所示的该磁盘分区的常规设置。在这个对话框中，我们可以给该磁盘分区起个容易区别的名字，同时还可以进行"磁盘清理"和"空间压缩"。

磁盘属性对话框中的"工具"选项卡（Windows 7）中（见图 8-14）提供了磁盘检查（见图 8-15）、碎片整理（见图 8-16）以及备份（见图 8-17）等工具。在 Windows 10 中也存在这些功能，只不过安排的位置不同而已。实践出真知，大家可以在使用中增加感性认识。

图 8-13　磁盘管理的常规设置

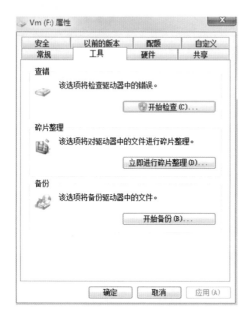

图 8-14　磁盘管理的常用工具　　　　　图 8-15　磁盘检查工具

图 8-16　磁盘碎片整理工具

图 8-17　磁盘备份工具

8.2.1　磁盘检查程序

当计算机系统由于运行不恰当的程序而死机，或者由于突然停电而非法关机，重新启动计算机时，系统就会调用磁盘检查程序，用于验证文件系统的逻辑完整性，查看磁盘及上面的数据是否依然完好。

我们也可以使用 chkdsk 命令来调用磁盘检查程序，来检查某一个磁盘分区。chkdsk 的全称是 checkdisk，就是磁盘检查的意思，它可以显示当前驱动器中的磁盘状态，创建和显示磁盘的状态报告，如图 8-18 所示。

如果需要列出并纠正磁盘上的错误，可以使用 chkdsk /F 命令。如果在文件系统数据中发现存在逻辑上的不一致性，该命令可以修复该文件系统数据。不过在使用 chkdsk 命令修复磁盘错误时，不能打开该驱动器上的文件。如果有文件打开或者有进程使用该驱动器，会显示如图 8-19 所示的提示消息，提示无法运行 chkdsk。此时，会询问是否在下次重新启动计算机时检查并修复该驱动器。如果回答 y，则在重新启动计算机后，chkdsk 会自动检查该驱动器，并修复错误。

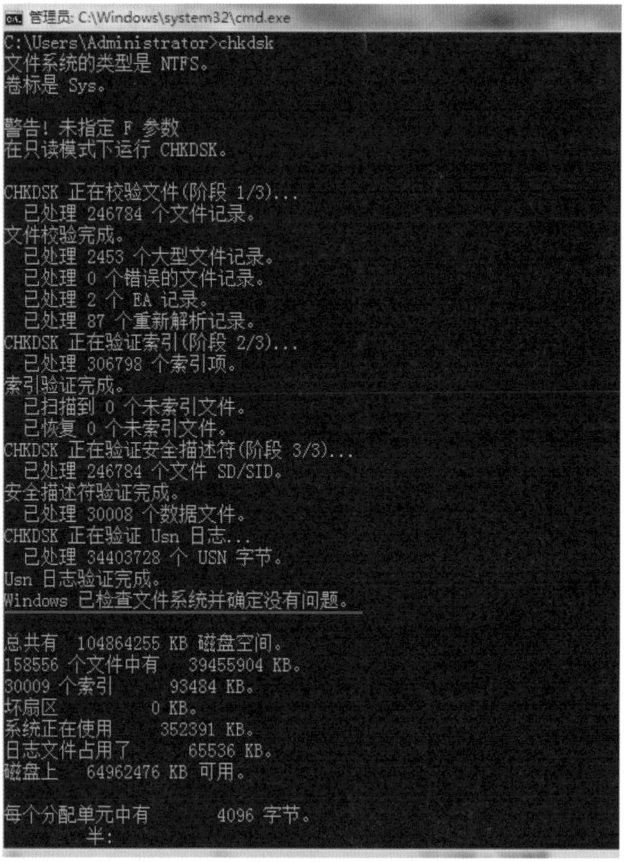

图 8-18　磁盘检查报告

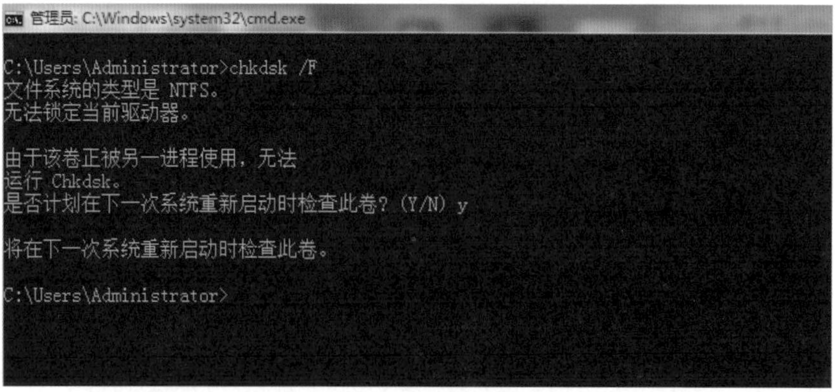

图 8-19　磁盘检查并纠错

8.2.2　碎片整理

使用计算机时间长了以后，硬盘上会保存大量的程序或文件。由于这些程序或文件的大小并不一致，会产生大量的磁盘碎片。如同在储物间中保存了大量大小不一的物品，这些物品堆放在一起，如果不经过整理，会产生大量小空间的浪费。

为了提高计算机系统访问硬盘的性能和避免存储空间的浪费，我们可以对磁盘碎片进行整理，如同重新安排储物间物品的摆放一样。使用 Windows+E 快捷键，打开计算机资源管理器，选中一个逻辑分区，单击鼠标右键，在弹出的快捷菜单中选择"属性"命令，在打开的对话框中选择"工具"选项卡，然后单击"立即进行碎片整理"按钮即可对所选磁盘分区进行磁盘碎片整理。

当然，我们也可以在命令行用户界面（cmd）中，使用 defrag 命令进行磁盘碎片整理，定位、合并选中分区的碎片文件，如图 8-20 所示。

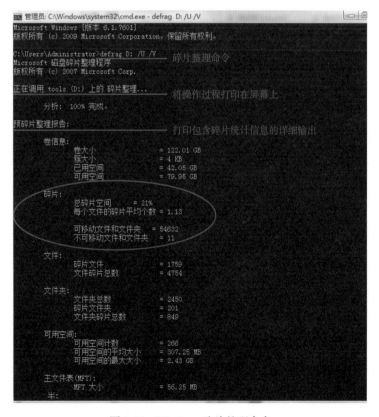

图 8-20　Windows 碎片整理命令

其中，"defrag D:"命令是指对 D 盘进行碎片整理，/U 的意思是将操作过程打印到屏幕，/V 的意思是打印包含碎片统计信息的详细输出。

延伸阅读：存储设备的发展

现在，我们计算机的硬盘空间动辄几百 GB，甚至达到几个 TB。即便是手机或其他手持设备，容量也能达到好几十个 GB，甚至上百 GB。

有时候，我们会认为硬盘存储量就应该这么大。但其实不然，在几十年前，在科幻小说中才会出现这么大的存储量。

1950 年，世界上第一台具有存储程序功能的计算机由冯·诺依曼博士领导设计。它的主要特点是采用二进制，使用汞延迟线作存储器，指令和程序可存入计算机中。

打孔卡是早期计算机的信息输入设备，通常可以储存 80 列数据。打孔卡盛行于 20 世纪 70 年代中期，后来逐渐没落，被盘式磁带取代。

IBM 最早把盘式磁带用在数据存储上。但由于 IBM 的技术限制，直到 20 世纪 70 年代，这项技术才得到广泛应用。因为一卷磁带可以代替 1 万张打孔纸卡，于是它马上获得了成功，迅速成为最为普及的计算机存储设备。20 世纪 80 年代，大家聚在一起看老电影，巨大的圆盘来回转，用的就是盘式磁带，如图 8-21 所示。

图 8-21　盘式磁盘

软盘是 20 世纪 80 年代和 90 年代个人计算机（PC）中广泛使用的一种可移动存储硬件，它是那些需要被物理移动的小文件存储时的理想选择，如图 8-22 所示。进入 21 世纪，其被 U 盘取代。

图 8-22　软盘

U 盘，全称为"USB 闪存盘"，英文名为 USB flash disk。U 盘的称呼最早来源于朗科公司生产的一种新型存储设备，名曰"优盘"，使用 USB 接口进行连接，如图 8-23 所示。将 USB 接口连到计算机的主机上，就可以相互存储资料了。

图 8-23　U 盘

而光盘技术在 1958 年就被发明出来了，但直到 1978 年市场上才开始出售光盘。那个时候的光盘是只读的，不能写。现在的 DVD 采用了 780 纳米的红外激光，使得其可以在同样的面积中保存更多的数据，如图 8-24 所示。

图 8-24　光盘

　　SSD固态硬盘是一种快速存储设备，相对于传统的机械硬盘，SSD 的数据存取速度可达到十倍甚至更高，如图 8-25 所示。其实早在 20 世纪 70 年代，就出现了 SSD 硬盘，但由于造价贵、容量低，没有普及。进入 21 世纪后，SSD技术逐渐成熟，容量得到了大幅提升，成本也降了下来，于是逐渐取代了机械硬盘。现在，市场上绝大多数的移动硬盘都是以 SSD 硬盘为基础的。

图 8-25　固态硬盘

第 9 章

信息宝藏——Windows 的注册表

计算机系统里的注册表维护着关于计算机系统的各种必要信息。如果把计算机系统比作一个宫殿，注册表就是这个宫殿的维护手册，它记录着宫殿的软硬件信息。本章将介绍注册表的概念、作用及结构，并且举例说明如何使用注册表解决实际问题。

本章我们将学会

- Windows 注册表是什么。
- Windows 注册表保存着哪些信息。
- Windows 注册表的结构。
- 如何导入和导出注册表。
- 如何编辑注册表。

- 如何利用注册表加快系统启动速度。
- 如何设置计算机重启不自检。
- 如何加快系统的关机速度。
- 公共计算机如何禁止某些功能。
- 如何改变程序的默认安装路径。

汉朝建立后，在秦朝制度的基础上进行了继承和优化，短时间内建立了各项完善的制度和管理体系。要想承袭秦制，首先需要有秦朝的相关资料，而且需要有专业的人搜集、保存、整理和研究这些资料。能够完整地保存这些资料，并通过研究取其精华、去其糟粕，让其发挥作用，这个头功是属于萧何的，如图 9-1 所示。

图 9-1　萧何保护典籍

刘邦攻破咸阳后，将士们都在为一己之私利，争抢各种金银财宝，而萧何寻找的却不是这些钱财，而是秦丞相和御史府所收藏的律令、户口、赋税制度、法律典章以及民情、地势等方面的图籍。有了这些材料，刘邦就可以掌握全国的重要信息，为日后快速制定各项管理制度提供依据。

在兵荒马乱之中，这些资料容易被毁弃。没有这些材料，汉朝制度的建立就需要更长的时间。

9.1　Windows 系统的藏宝图

计算机系统里的注册表就如同一个国家体系里的户口、制度、地理及民情信息，维护着关于计算机系统的各种必要信息。

9.1.1 知识一点通：注册表

看到这里，电小白着急地问："计算机系统里的注册表（Registry）到底是一个什么样的表格呀？"

清青老师："傻了吧，注册表它不是表！"

"那是什么？"电小白疑惑地问。

清青老师："Windows 的注册表是一个内部的系统管理数据库，维护着大量的计算机软件、硬件信息，这些信息是系统正常运行所必不可少的东西。"

听到这里，电小白急切地说："数据库不就是一个大一点的表吗？注册表在哪里？我要一睹芳容，我要玩转注册表！"

清青老师马上跟电小白说："Danger（危险）！注册表是 Windows 系统的底层文件。如果不了解它，直接去编辑它，轻则使 Windows 的启动过程出现异常，重则可能会导致整个系统的完全瘫痪（见图 9-2）！"

图 9-2 操作注册表是危险的

心急吃不了热豆腐，赶快来了解一下注册表究竟是什么吧？

注册表首先是一个数据库，便于管理和检索计算机系统软、硬件配置信息的数据库。它就是Windows系统的藏宝图，软、硬件的很多关键信息都在这里，但并不是一般人都能看得懂的，它是一个给有心琢磨的人提供的藏宝图。一般人看到注册表可能不知所云，不是因为它难，而是因为它繁。但是由点及面，还是很容易了解一些重要功能的。

这个藏宝图（Windows 的注册表）究竟有哪些内容呢？

（1）软件安装信息。

（2）硬件的配置和状态信息。

（3）应用程序启动和运行的配置信息、参数的默认选项。

（4）整个系统的各种许可信息。

（5）文件扩展名与应用程序的关联信息。

由于注册表的功能相当多，这里只会举一些例子说明其用法。大家在学习的过程中，要把注册表当作一个字典工具，碰到问题会查询相关资料，找到解决方案，然后逐渐积累使用注册表的经验。

9.1.2　如何打开注册表

从一般用户的角度来看，注册表系统由数据库信息和注册表编辑器两部分组成，如图 9-3 所示。

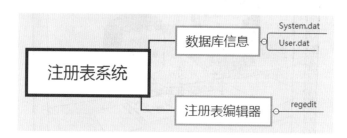

图 9-3　注册表系统的组成

Windows 中注册表的数据库信息由两个文件组成：System.dat 和 User.dat。这两个系统文件是被隐藏起来的，一般人是看不到的。System.dat 包含系统硬件和软件的设置，User.dat 保存着与用户有关的信息，如资源管理器的设置、颜色方案以及网络口令等。

注册表编辑器（regedit.exe）是一个专门用来查看、编辑和维护注册表的程序，没有它，我们就很难进行注册表的浏览、修改等操作。

选择"开始"→"运行"命令（Windows 7），或单击桌面左下方的"搜索程序和文件"图标，在搜索栏中输入"运行"并在搜索结果中单击"运行"选项（Windows 10），或按 Windows+R 快捷键，打开"运行"对话框，如图 9-4 所示，输入"regedit"或"regedit.exe"，单击"确定"按钮，便可打开 Windows 的注册表编辑器了。

图 9-4 输入"regedit"

郑重提醒

编辑注册表有可能造成系统故障，如果不了解一个条目的意义，请不要随意编辑该条目！更改注册表之前，应备份计算机上任何有价值的数据！

温馨提示

如果你没有管理员权限，将无法打开注册表。

9.1.3 注册表的结构

萧何如果闯入计算机的宫殿里，他不会像别的小伙伴那样，冲着计算机的游戏去，他保护的是注册表。你看，他的车上装着 5 种典籍：《数据文件格式（HKEY_CLASS_ROOT）》《用户个性化配置（HKEY_CURRENT_USER）》《软

硬件配置信息（HKEY_LOCAL_MACHINE）》《用户信息（HKEY_USERS）》
《计算机当前设置（HKEY_CURRENT_CONFIG）》。他感觉到，这5种典籍，
分别对应着当年他在秦宫里看到的规章制度、各地风土人情、各地的地理政治、
全国的人口信息，以及当前王朝的组织架构。只不过不同的是，当年他在秦宫，
用几十辆牛车才拉走的东西，现在他用一个U盘就能拿走了，信息量没有减少，
存储的地方却少了好多。

图9-5所示为注册表编辑器窗口。窗口左侧属于各条目的定位区域，注册
表中的各条目是按照层次结构保存的，可以依次单击文件夹前面的 符号来展开
子条目。注册表的右侧区域是各个条目的值。双击条目的值时，将打开该条目
的编辑对话框。

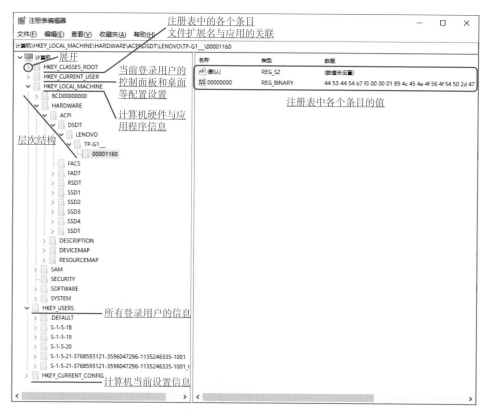

图 9-5　注册表编辑窗口

从图9-5可以看出，注册表编辑器窗口中主要包括以下5大文件夹（学术

用语为"根键")。

❋ HKEY_CLASS_ROOT：记录Windows操作系统中所有数据文件的格式和关联信息，主要记录不同文件的文件名后缀和与之对应的应用程序。其下子键可分为两类，一类是已经注册的各类文件的扩展名，这类子键前面都有一个"."；另一类是各类文件类型有关信息。

❋ HKEY_CURRENT_USER：我们在系统中设定的个性化配置就在这里，它包含了当前登录用户的配置文件信息。不同的用户登录计算机时，有不同的个性化设置，如自己定义的墙纸、自己的收件箱、自己的安全访问权限等。

❋ HKEY_LOCAL_MACHINE：包含了当前计算机的配置数据，包括所安装的硬件以及软件的设置。这些信息是为用户使用系统服务的，它是整个注册表中最庞大，也是最重要的信息条目。

❋ HKEY_USERS：包括默认用户的信息（Default子键）和所有以前登录用户的信息。

❋ HKEY_CURRENT_CONFIG：存放的是计算机的当前设置信息，如显示器、打印机等外设的设置信息等。它实际上是HKEY_LOCAL_MACHINE中的一部分，其子键与HKEY_LOCAL_MACHINE\Config\0001分支下的数据完全一样。

9.1.4 导入或导出注册表信息

1. 导出全部或部分注册表信息

打开注册表编辑器，选择"文件"→"导出"命令，如图9-6所示，可以备份当前注册表。给备份的注册表信息起个文件名，从这个文件名中最好能够清晰地看出是什么时间保存的，以及包含哪些注册表信息，以便后面导入使用时，可以准确地知道它的作用。

导出注册表，可以选择全部注册表信息，也可以选择部分注册表信息。如图9-7所示，如果要备份整个注册表，在"导出范围"选项组中选中"全部"单选按钮；如果只备份注册表树的某一分支，则选中"所选分支"单选按钮，输入要导出的分支名称，然后设置文件名，再单击"保存"按钮即可。

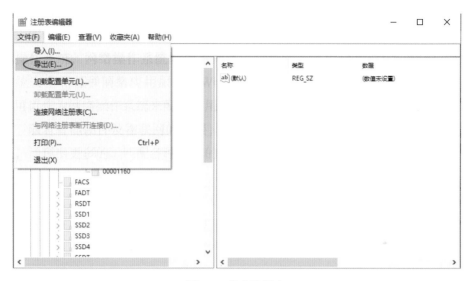

图 9-6　导出注册表

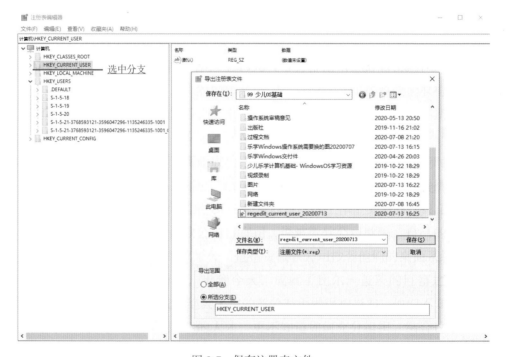

图 9-7　保存注册表文件

2．导入部分或全部注册表

打开注册表编辑器，选择"文件"→"导入"命令，在弹出的对话框中查找要导入的文件，单击选中该文件，再单击"打开"按钮即可，如图 9-8 所示。

图 9-8　导入注册表文件

注意，在资源管理器中，双击扩展名为 .reg 的文件，也可以将该文件导入计算机的注册表中。但在导入之前，会提示导入风险，如图 9-9 所示。

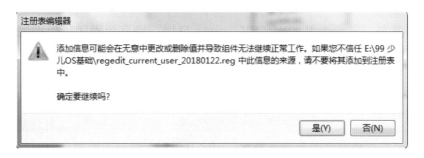

图 9-9　导入注册表的风险提示

导入注册表时需要注意，并不是所有的导入项都能成功导入系统。一些系统或者程序正在使用的注册表条目是无法导入的，如图 9-10 所示。

图 9-10　正在使用的注册表项无法成功导入

9.1.5　查找和编辑注册表信息

使用注册表时，如同使用一个地图，并不需要把地图上所有的地理信息都记住，只需要掌握查找自己需要信息的方法即可。

举例来说，我们想查找一下注册表中设置字体的地方，如图 9-11 所示，输入"新宋体"，单击"查找下一个"按钮，将出现如图 9-12 所示的"查找"对话框。

图 9-11　查找注册表

通过查找可发现，定义"新宋体"的位置在注册表中的 HKEY_LOCAL_MACHINE 文件夹中，具体的位置在 \SOFTWARE\Microsoft\Windows NT\CurrentVersion\Console\TrueTypeFont 下，如图 9-13 所示。

图 9-12　正在查找

图 9-13　注册表中设置字体的地方

这是个什么地方呢？这里设置了命令行用户界面（Console）的字体。如果你对这个用户界面的字体效果不满意，如果你想拥有更多的选择，就需要在这里增加可选的字体了。当然了，要增加的字体，一定是在系统中已经定义好的。

在注册表中，右击 HKEY_LOCAL_MACHINE\SOFTWARE\Microsoft\Windows NT\CurrentVersion\Console\TrueTypeFont 条目，在弹出的快捷菜单中选择"新建"→"字符串值"命令，如图 9-14 所示，即可新建一个字符串值，这里将其

重命名为 0936，双击该字符串值，在弹出的对话框中将其值设置为你想使用的中文简体的字体名字，如系统中已有的"黑体"字体，如图 9-15 所示。需要注意的是，在这里增加中文字体时，须在字体名称前添加"*"。

图 9-14　在 TrueTypeFont 中新建字符串值

图 9-15　注册表中设置字体的地方

在中文简体的命令行界面中，打开如图 9-16 所示的"属性"对话框，选择"字体"选项卡，可以发现已经新增了"黑体"这个可选字体。这样就可以尝试一下"黑体"的效果了。

新增"黑体"可选字体

图 9-16 命令行界面中文简体可选字体

9.2 加快开关机速度

电小白："有些软件提示我：'你的计算机启动速度已经超过 20% 的用户'，建议我加快开机速度。为什么我的计算机启动速度会如此之慢呢？"

清青老师："你在开机时，让计算机干了太多的活了（见图 9-17）！你让它在开机时少干点活，它的速度不就快了？"

电小白："怎么让它少干活呢？"

清青老师："在注册表中设置吧！"

图 9-17　加快开机速度

9.2.1　加快系统启动速度

先来看一个故事。

一天，一位女同事抱怨她的计算机运行得非常慢。我去看了一下，发现她注册表里自动加载的东西特别多，而且系统盘空间已满，就建议她把自动加载取消，并且把计算机里的垃圾清理一下，如图 9-18 所示。然后随口问了一句："难怪这么慢，你从来都没有把自动加载的垃圾处理一下吗？"

"哦，没有。"她回答，有点不好意思，"在我家，清理垃圾这样的活都是孩子他爸干的。"

有些程序在安装完以后，总是在启动系统时，把自己也启动了。有的时候，这完全没有必要，因为我们希望它招之才来，挥之必去，不希望它不请自来。

在启动 Windows 系统时，如果自动加载的程序过多，会显著降低计算机的启动速度。我们该怎么办呢？

通过注册表，把那些开机以后暂不使用的程序取消其自动运行，就可以达到加快系统启动速度的目的，步骤如下。

（1）在注册表编辑器的 HKEY_LOCAL_MACHINE 中，使用注册表条目的

展开方式找到 Run,如图 9-19 所示。具体路径为 HKEY_LOCAL_MACHINE\
SOFTWARE\Microsoft\Windows\CurrentVersion\Run。

图 9-18 清理自动加载的垃圾

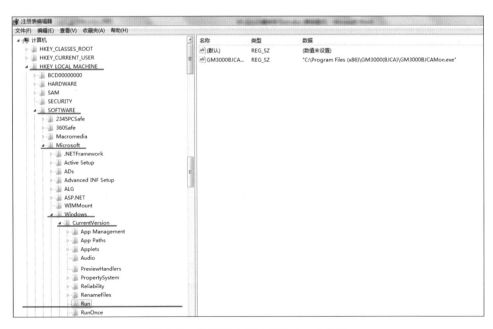

图 9-19 注册表中开机启动 Run 的位置

171

（2）在 Run 的右侧窗口中，将不需要开机启动的程序删除即可。

9.2.2　设置计算机重启不自检

在重启计算机时，系统会进行自检。有时候，这个自检是不必要的，很多人觉得浪费时间。通过注册表设置，可以让系统在重新启动时，自动跳过自检，步骤如下。

（1）在注册表编辑器的 HKEY_LOCAL_MACHINE 中，使用注册表条目的展开方式找到 Winlogon，如图 9-20 所示，其注册表路径为 HKEY_LOCAL_MACHINE\SOFTWARE\Microsoft\Windows NT\CurrentVersion\Winlogon。

图 9-20　注册表中 Winlogon 的位置

（2）在 Winlogon 的右侧窗口中，新建一个字符串值键值项，命名为 SystemstartOptions，英文的意思是"系统启动选项"。

（3）双击 SystemstartOptions 键值项，在弹出的对话框中将"数值数据"设置为 Nodect 即可，如图 9-21 所示。

图 9-21 设置系统启动选项为 Nodect

9.2.3 加快系统关机速度

一般在关机时，都要等待一段时间。如果计算机的配置不高，等待的时间就会很长。我们可以通过设置注册表，让它关机时少干一些活，来加快关机速度，步骤如下。

（1）在注册表编辑器的 HKEY_LOCAL_MACHINE 中，使用注册表条目的展开方式找到 Control，如图 9-22 所示。其注册表路径为 HKEY_LOCAL_MACHINE\ SYSTEM\CurrentControlSet\Control。

（2）在 Control 的右侧窗口中新建一个字符串值键值项，并命名为 FastReboot。

（3）双击 FastReboot 键值项，在弹出的对话框中将"数值数据"设置为 1，如图 9-23 所示。

（4）单击"确定"按钮后，重启计算机即可生效。

图 9-22　注册表中 Control 的位置

图 9-23　设置快速重启

9.3　禁用某些功能

在一些特殊场合，如网吧、酒店大堂等公共区域的计算机，需要禁止用户使用计算机的某些功能，或者需要禁止用户改变计算机的设置，这时就需要在注册表中进行相应的配置了。

9.3.1 禁止"添加打印机"和"删除打印机"

在注册表编辑器的 HKEY_CURRENT_USER 中，使用注册表条目的展开方式找到 Policies\Explorer，位置如图 9-24 所示。其具体路径为 HKEY_CURRENT_USER\Software\ Microsoft\Windows\CurrentVersion\Policies\Explorer，然后在右侧的窗口中，新建 DWORD 值 NoDeletePrinter，并设置其值为 1，这是禁止删除打印机；再次新建 DWORD 值 NoAddPrinter，并设置其值为 1，这是禁止添加打印机。

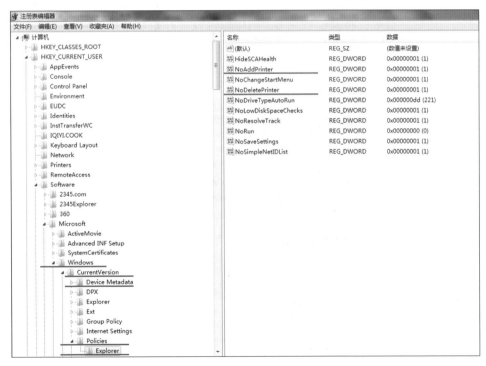

图 9-24 禁止添加和删除打印机的注册表位置

重启计算机后，当试图添加或者删除打印机时，会出现如图 9-25 所示的无法操作的提示。

175

图 9-25　操作被限制的提示

9.3.2　禁止修改"开始"菜单

在注册表编辑器的 HKEY_CURRENT_USER 中，使用注册表条目的展开方式找到 Policies\Explorer，如图 9-24 所示。其具体路径为 HKEY_CURRENT_USER\Software\ Microsoft\Windows\CurrentVersion\Policies\Explorer，然后在右侧的窗口中，新建 DWORD 值 NoChangeStartMenu，并设置其值为 1，这是禁止修改"开始"菜单；将其值改为 0，则可以修改"开始"菜单。允许修改"开始"菜单时，选中一个程序，右击，将会弹出如图 9-26 所示的快捷菜单；而禁止修改"开始"菜单时，选中一个程序，右击，则是没有响应的。

（a）Windows 7 修改"开始"菜单选项

图 9-26　允许修改"开始"菜单

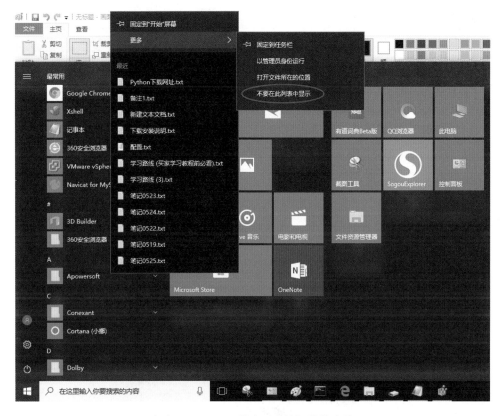

（b）Windows 10 修改"开始"菜单选项

图 9-26 允许修改"开始"菜单（续）

9.4 改变程序默认安装路径

在 Windows 中安装软件时，默认安装的目录是 C:\Program Files。该安装路径默认保存在注册表的 HKEY_LOCAL_MACHINE\SOFTWARE\Microsoft\Windows\CurrentVersion 目录下，如图 9-27 所示。

图 9-27　改变程序的默认安装路径

　　但是，当 C 盘的存储空间比较紧张时，安装新的程序经常会有"空间不足，无法安装成功"的报错。为了解决这个问题，我们可以改变程序的默认安装路径。找到 ProgramFilesDir 键值项并双击，在弹出的对话框中输入新的程序安装路径"D:\Program Files"即可，如图 9-28 所示。

图 9-28　设置新的默认安装路径

延伸阅读：注册表的由来

　　注册表是 Microsoft Windows 用于存储系统和应用程序的设置信息的一个重要数据库。可是，在 Windows 最初的几个版本中并没有注册表的概念。直到 Windows 3.0 推出 OLE 技术时，注册表才出现。当时，注册表是一个极小的文件，其文件名为 Reg.dat，里面只存放了某些文件类型的应用程序关联，大部分的设置是被放在 win.ini、system.ini 等多个初始化 ini 文件中的。但是，这些初始化文件是不便于管理和维护的，时常出现一些因 ini 文件遭到破坏而导致系统无法启动的问题。

随后推出的 Windows NT 是第一个系统级别广泛使用注册表的操作系统。为了使系统运行得更为稳定、健壮，Windows 95/98/Me 的设计师们借用了 Windows NT 中注册表的思想，将注册表的概念引入了个人操作系统中，而且将 ini 文件中的大部分设置也移植到了注册表中。

至此，注册表在随后版本的 Windows 操作系统的启动及运行过程中起着非常重要的作用。

第 10 章

战斗中的队伍——进程管理

进行中的程序就是进程。进程管理是操作系统中非常重要的功能。本章将介绍 Windows 操作系统中常见的系统进程，以及如何显示用户进程；还将介绍如何制作简单的批处理程序，来实现简单而有趣的功能。

本章我们将学会

- 什么是进程。
- 进程与程序的区别。
- Windows 的系统进程。
- 显示任务进程。
- 什么是批处理程序。
- 运行批处理程序。
- 改写批处理程序的功能。

10.1 进行中的程序——进程

计算机操作系统里的进程有多种，有的是系统运行必需的进程，有的是用户自己正在运行的程序，还有一些可能是病毒或木马的进程。读者在进行操作系统维护时，要学会查看当前的进程，评估其对系统的性能影响。

10.1.1 进程的三态

在一次紧张的战斗中，需要很多军种协同作战。其中炮火连（我们可以想象为计算机的某一程序）的功能是提供炮火支撑，后勤连（想象为计算机的另一个程序）的功能是提供后勤支撑，如图 10-1 所示。

图 10-1　紧张的战斗

为了支撑战斗，炮火连准备好炮弹，后勤连准备好物资，时刻等待指挥部（想象为 CPU）的召唤。此时，炮火连和后勤连处于准备就绪的状态（如同进程的就绪态 Ready），时刻准备参加战斗。

因为东线战斗的需要，指挥部调动炮火连对东线进行炮火支撑（程序开始工作，称为进程），炮火连已经开始发射炮弹（运行态 Running）。此时，西线的战斗也打响，也需要炮火连的支撑，指挥部又调动炮火连的一部分战力，支援西线（这叫并发进程）。

战斗打到一定程度，炮弹没了，炮火连需要等待后勤连运送炮弹（进程为阻塞态 Blocked）。后勤连把炮弹送给炮火连，炮火支撑能力重新处于准备就绪的状态。

进程有 3 种基本的状态：运行态（Running）、就绪态（Ready）和阻塞态（Blocked）。已经获得所需资源，并占有 CPU 时，进程处于运行态；已经获得所需资源，但还需要等待 CPU 时，进程处于就绪态；进程由于等待某个事件，如等待 I/O 完成，或等待某个资源，而被系统挂起的状态是阻塞态。三者的转换关系如图 10-2 所示。

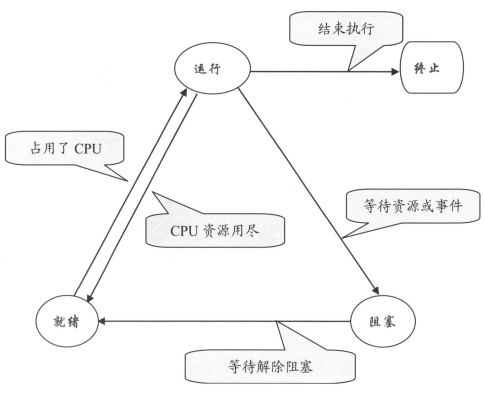

图 10-2　进程的三态变迁

182

可是如果后勤连在运送炮弹的路上被敌人封锁，同样也需要炮火的支援，而此时炮火连却在等待后勤连的炮弹，如图 10-3 所示。这是一种由于都需要对方所持有的资源，而无法继续工作下去的状态，需要外力才能解决这种困局。这种 A 的运行需要 B 的资源，而 B 的运行也需要 A 的资源的情况，我们称为"死锁"。

图 10-3　运输炮弹的后勤连等待炮火的支撑

10.1.2　知识一点通：进程与程序

电小白："进程就是运行的程序，进行中的程序，明白了！"

清青老师："不要忽略进程和程序在占用系统资源方面的区别。"

电小白："占用的资源也有差别？"

清青老师："当然有了。程序在硬盘里，而进程已经到了 CPU 和内存里了，就像图 10-4 所示一样。"

图 10-4　进程与程序

电小白："一个程序可以被运行两次吗？"

清青老师："可以啊。同样一个程序，同一时刻被两次运行，那么它们就是两个独立的进程。"

电小白："那么，一个进程可以调用两个程序吗？"

清青老师："当然可以了，通过调用关系，一个进程可以调用两个程序。"

进程就是程序的一次执行。程序已经获取了内存资源，并且得到 CPU 调用，成为一个正在运行的程序实体，这个时候就是进程。进程是操作系统进行资源分配和运行调度的一个独立的基本单位，多个进程可以并发执行，也可以顺序执行。

程序只占用了硬盘中的存储资源，但进程占据了 CPU（包括寄存器）、输入 / 输出（I/O）、内存资源、网络资源等系统资源。

进程是动态的，程序则是有序代码的集合，属于静态的文本概念；进程是暂时的，程序是永久的，即进程是一个状态变化的过程，而程序可长久保存；进程是并发的，会相互制约，而程序是不会产生制约关系的。

进程与程序的组成不同，进程的组成包括运行的程序、数据，以及进程状态信息的记录模块；程序则是由一些代码和数据组成的。

进程与程序的对应关系比较复杂。通过多次执行，一个程序可对应多个进程；通过调用关系，一个进程可执行多个程序。

进程和程序的区别如表 10-1 所示。

表 10-1　进程和程序的区别

进　　程	程　　序
运行中的程序实体	有一定功能的代码
动态	静态
短暂	永久
并发的进程相互制约	无制约关系
占用 CPU、内存资源	占用硬盘资源
运行的程序、数据，会记录进程状态的信息	一些代码和数据
一个进程可以调用多个程序	一个程序可对应多个进程

10.1.3　打开任务管理器

在任务管理器中可以查看和管理进程。那么该如何打开任务管理器呢?
Windows 操作系统提供了多种打开任务管理器的方法，下面介绍几种常用的操作。

最常见的方法，就是在任务栏底部的空白处右击，在弹出的快捷菜单中选
择"任务管理器"命令，如图 10-5 所示。

图 10-5　在任务栏空白处右击打开任务管理器

在"开始"菜单的搜索栏中（见图 10-6）或者在 Windows 的命令行用户界面（见图 10-7）中输入"taskmgr"命令，然后按 Enter 键，也可以打开任务管理器。

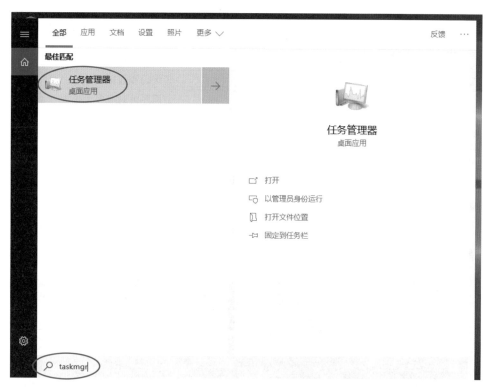

图 10-6　使用 taskmgr 命令打开任务管理器

图 10-7　在命令行用户界面中使用 taskmgr 命令打开任务管理器

10.1.4　Windows 的系统进程

在使用计算机时，经常会发现进程超过一定的数量后，系统就会反应缓慢。因此，我们需要经常对系统进行清理和优化。那么，该怎么清理呢？万一清理错了，我们自己要运行的程序出了问题，或者系统突然停止运行，无法正常启动了，该怎么办？

让计算机的任务管理器保持干净的大体策略就是：保留系统进程，消灭占用 CPU 和内存较多的进程。

有些病毒会伪装成进程，我们必须练就一双火眼金睛，识别出有用的进程，如图 10-8 所示。

图 10-8　识别有用进程

系统进程指的是操作系统运行的基本环境。也就是说，刚安装 Windows 操作系统后第一次登录计算机，还没有安装其他软件和进行其他设置时，Windows 的任务管理器的"用户名"列中标注为 SYSTEM 的进程，如图 10-9 所示。有了这些进程，系统就能正常运行，而没有这些进程，系统则不能正常

乐学 Windows 操作系统

工作。

图 10-9　Windows 任务管理器中的各种类别进程

　　这时，我们面临的问题就是 Windows 常用的系统进程有哪些？表 10-2 便给出了 Windows 中常见的重要系统进程。

表 10-2　常见系统进程简介

系统进程的名称	功能和作用
csrss.exe	客户端服务子系统，用以控制 Windows 图形相关的界面
lsass.exe	本地安全权限服务控制，属于 Windows 安全机制，是 Windows 的核心进程之一。大名鼎鼎的震荡波病毒利用的就是该进程的一个漏洞
lsm.exe	本地会话管理器服务
services.exe	管理 Windows 服务
smss.exe	会话管理子系统，用于初始化系统变量
spoolsv.exe	Windows 打印任务控制程序，用于监控打印机就绪
svchost.exe	Windows 标准的动态链接库主机处理服务，是系统的核心进程。这个进程会出现多个，并不是病毒进程。但病毒也会千方百计地入侵 svchost.exe

188

续表

系统进程的名称	功能和作用
system.exe	Microsoft Windows 系统进程
System Idle Process.exe	当没有任何程序或者进程对 CPU 发出请求时，调用的普通进程，该进程不能被结束
wininit.exe	Windows 启动应用程序是系统的一个核心进程。不能强制结束，否则会蓝屏
winlogon.exe	Windows 用户登录程序

10.1.5 显示任务进程

任务（task）是为了达到某个目的而采取的一系列活动，例如一个战斗任务，如图 10-10 所示。计算机里的任务指由软件完成的一个活动，可以是一个进程，也可以是多个进程。

图 10-10　任务清单

在命令行用户界面，使用 tasklist 命令可以显示 Windows 用户当前正在运行的程序名称、进程编号（PID）、会话编号以及内存使用情况，如图 10-11 所示。

例如，我们打开系统中的计算器程序，则在使用 tasklist 命令时会出现计算器的进程 calc.exe。

```
管理员: C:\Windows\system32\cmd.exe - cmd  help

C:\Users\Administrator>tasklist

映像名称                    PID 会话名           会话#        内存使用

System Idle Process           0 Services            0            24 K
System                        4 Services            0            60 K
smss.exe                    328 Services            0           236 K
csrss.exe                   580 Services            0         1,380 K
wininit.exe                 692 Services            0           612 K
csrss.exe                   716 Console            1        43,408 K
services.exe                760 Services            0         6,540 K
lsass.exe                   776 Services            0         5,872 K
lsm.exe                     784 Services            0         2,312 K
360se.exe                  5700 Console            1        50,908 K
HelpPane.exe               5148 Console            1        12,076 K
svchost.exe                1484 Services            0         2,776 K
mspaint.exe                5124 Console            1        74,660 K
cmd.exe                    5332 Console            1           796 K
conhost.exe                2080 Console            1         7,804 K
cmd.exe                    4816 Console            1         1,688 K
vmware.exe                 2376 Console            1        42,960 K
dllhost.exe                3136 Console            1         2,984 K
vmware-unity-helper.exe    5812 Console            1         4,996 K
vmware-vmx.exe             5328 Console            1       441,016 K
360se.exe                  5744 Console            1        38,260 K
360se.exe                  4372 Console            1        15,272 K
360se.exe                  2560 Console            1        93,792 K
WmiPrvSE.exe               6864 Services            0         8,200 K
calc.exe                   5988 Console            1        21,224 K
tasklist.exe               1232 Console            1         6,172 K
半:
```

图 10-11　Windows 下使用 tasklist 命令

tasklist 命令可以完成图形用户界面 Windows 任务管理器的工作。

tasklist 命令将所有的进程都列了出来。我们如果只关心某一进程是否运行，可以通过管道符号"|"，将 tasklist 的内容输出给 find 命令，查找某进程是否存在。

例如，使用 tasklist | find "calc" 命令查看一下计算器进程是否存在，如图 10-12 所示。

```
C:\Users\Administrator>tasklist | find "calc"
calc.exe                   5988 Console            1        21,176 K
```

图 10-12　查看计算器进程是否存在

如果想结束已经打开的计算器进程（calc.exe），只需要使用 taskkill 命令即可，如图 10-13 所示。我们看到 calc.exe 的进程编号是 5988（进程的编号在每次重新启动时会发生变化），因此 taskkill 命令的使用格式为 taskkill /pid 5988。

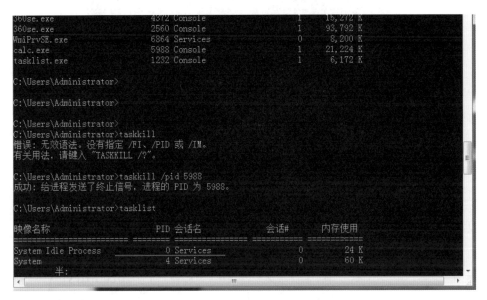

图 10-13 使用 taskkill 命令结束进程

命令执行成功后，打开的计算器程序就关闭了。有时候由于病毒或者运行程序过多，计算机图形界面没有响应，无法使用鼠标关闭一些进程，此时便可以试着用 taskkill 命令来结束相关进程。

我们经常会使用 Windows 自带（无须额外安装）的进程，如表 10-3 所示。

表 10-3 常用的 Windows 自带的进程

进　　程	进程的功能
explorer.exe	Windows 资源管理器
notepad.exe	记事本
wordpad.exe	写字板
mspaint.exe	画图
wmplayer.exe	Windows 媒体播放器
iexplore.exe	Internet Explorer
taskmgr.exe	Windows 任务管理器
calc.exe	计算器

10.2 打包的命令——批处理程序

在 Windows 操作系统中，不需要再额外安装编程环境，就可以编写和运行程序来执行一些计算机系统维护的任务。使用 Windows 的命令，可以组合出很多解决实际问题的小程序，如删除垃圾文件、获取系统文件列表和定时关机等。

10.2.1 知识一点通：批处理程序

我们在前面不厌其烦地给大家介绍了很多 Windows 的命令，到这里终于可以派上用场了。

批处理（Batch）程序，顾名思义，就是对某对象执行一系列操作的处理过程，可以包含我们介绍过的一个或多个命令，还可以使用一些常用的程序逻辑控制语句，如图 10-14 所示。批处理程序其实就是一种简化的脚本语言。

有人说，我们在操作系统里还没有安装任何应用软件，该如何运行程序？

前面使用了命令行用户

图 10-14 批处理程序

界面（cmd），我们就用它运行在 Windows 下的批处理程序。任何可在当前命令行用户界面中运行的程序，都可以放在批处理文件中使用。

批处理程序文件名的扩展名是 .bat（batch 的前 3 个字母）。我们可以双击批处理文件名来运行批处理程序，也可以在批处理程序所在目录的命令提示符中输入文件名来运行批处理程序。

那么如何生成批处理程序呢？

打开文本文件（*.txt），直接在其中输入代码，如图 10-15 所示，这里输入了两行代码。

图 10-15　新建一个文本文件并输入批处理程序

第一行的 REM 是注释命令，用来给这个程序加上注解，该命令后的内容，在程序执行过程中是不会被显示和执行的。

第二行调用 Windows 自带的计算器程序。

编辑完这两行代码后，我们把文件保存为 calc.bat 程序，如图 10-16 所示。

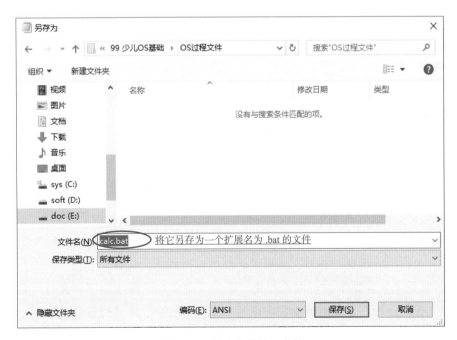

图 10-16　另存为批处理文件

当然，我们也可以直接保存为 calc.txt 文件，然后重命名该文件并将其扩展名改为 .bat，此时会弹出提示对话框，如图 10-17 所示。如果确定要更改，单击"是"按钮。现在在该目录下就有了 calc.bat 这个 Windows 批处理程序了，如图 10-18 所示。

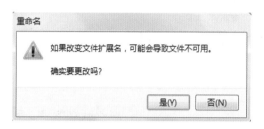

图 10-17　改变文件扩展名的提示

图 10-18　Windows 批处理程序生成

有些文件没有显示扩展名，从而无法更改扩展名，这是由于设置了"隐藏已知文件类型的扩展名"的原因，我们只需取消该项设置即可。打开"文件夹选项"对话框，选择"查看"选项卡，便可以找到这个设置，如图 10-19 所示。"文件夹选项"对话框也可以通过在"开始"菜单的"搜索程序和文件"栏中，或者在控制面板右上角的搜索栏中搜索"文件夹选项"来进行打开。

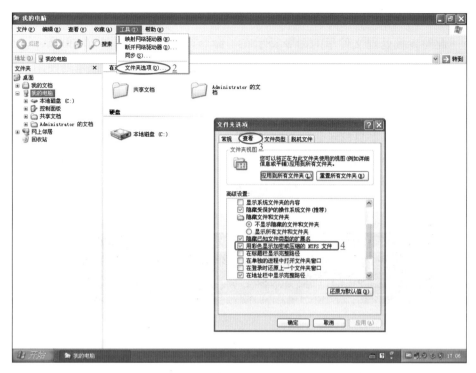

（a）Windows 7 中"隐藏已知文件类型的扩展名"设置

（b）Windows 10 中"隐藏已知文件类型的扩展名"设置

图 10-19 显示文件扩展名

双击 calc.bat，我们熟悉的 Windows 计算器小程序就被调出来了。

此时，批处理文件里的命令显示在了命令行界面中，如图 10-20 所示。如果我们不想让这个过程显示在屏幕上，可以在批处理程序文件开始处使用 echo off 命令将屏幕显示关闭，如图 10-21 所示。把新生成的文件命名为 calcechooff.bat，然后执行它，和刚才的执行结果对比一下，可以发现打开计算器这个小程序的同时，屏幕上只显示 echo off，如图 10-22 所示。如果连 echo off 也不想显示，就需要在 ehco off 前面加上 @，然后生成一个名为 calcechooff@.bat 的文件并执行，则会发现屏幕上什么都没有显示。

图 10-20　命令行界面显示批处理文件

图 10-21　关闭屏幕命令显示

图 10-22　加入 echo off 后的执行结果

10.2.2　多变的屏幕

前面学习过 color 命令，现在使用批处理程序来实现一个屏幕变脸的功能。大家都看过川剧的变脸节目，如图 10-23 所示，这个屏幕变脸是不是一样有趣呢?

图 10-23　变脸

下面是 color.bat 的程序内容（其中，"//"符号及后面的备注是为了说明程序的含义，不能出现在运行的程序中，下同）。

color 0F	// 屏幕为黑底白字
pause	// pause 就是暂停的意思，没有这个命令，执行完上面的命令不会停止，而是直接往下走，我们就感觉不到变脸的效果了。有了 pause，它就会提示运行到此暂停，可以按任意键继续
color F0	// 屏幕为白底黑字
pause	
color 1E	// 屏幕为蓝底淡黄色字
pause	
color E1	// 屏幕为淡黄色底蓝字
pause	
color 48	// 屏幕为红底灰字

```
pause
color 84                    // 屏幕为灰底红字
pause
color 5C                    // 屏幕为紫底淡红色字
pause
color 2D                     // 屏幕为绿底淡紫色字
pause
color C0                    // 屏幕为淡红色底黑字
pause
color A0                    // 屏幕为淡绿色底黑字
pause
color B0                    // 屏幕为浅绿色底黑字
pause
```

大家运行一下这个程序，看看效果吧。每一次屏幕显示后，按任意键，就换下一个屏幕显示，是不是很有趣？

10.2.3　没完没了的工作

计算机善于不厌其烦地重复做同样的工作。下面我们编写一个显示 C 盘、D 盘当前目录和文件名，以及目录结构的程序，用到了前面所学的两个命令：命令 dir 显示当前分区下的目录和文件名，命令 tree 显示当前分区的目录结构。

为了让程序反复地执行这段代码，使用了 GOTO 语句。我们在需要反复执行的这段代码前面打上标签（英文冒号 ":" 后的 LABEL），在 GOTO 命令后写上这个标签，表示每当程序执行到这里，再回到 LABEL 处开始，循环往复，以至无穷，如图 10-24 所示。

下面是具体的程序内容。

```
:LABEL               // 打个标签
REM 上面就是名为 LABEL 的标号                        // 注释上面这句话的意思
DIR C:\              // 显示 C 盘根目录下的文件和文件夹
DIR D:\              // 显示 D 盘根目录下的文件和文件夹
tree C:              // 显示 C 盘的目录结构
tree D:              // 显示 D 盘的目录结构
GOTO LABEL           // 返回到 LABEL 处
REM GOTO 语句表示程序跳转 LABEL 处继续执行          // 注释一下
```

图 10-24　没完没了的工作

我们把这段代码命名为 dirtreegoto.bat，大家试着运行一下，看看效果。人很难做到像计算机这样，不知疲倦、不辞辛苦、从不抱怨地执行这样重复的动作，这正是计算机的优势所在！

10.2.4　打开百度网页 10 遍

我们可以使用批处理程序打开网页。其实，这里重要的命令只有两个：set和 start。使用 set 命令将当前目录指向 IE 浏览器程序的位置 C:\Program Files\Internet Explorer；然后使用 start 命令，运行 IE 浏览器的程序 IExplore.exe，把IE 浏览器要打开的网址 www.baidu.com 输在 "%" 号后。我们将这段程序命名为 openbaidu.bat，具体程序内容如下。

```
@echo off                              // 关闭命令的屏幕显示
REM Start baidu in IE                  // 注释
set C:\Program Files\Internet Explorer // 将当前目录指向 IE 浏览器程序位置
start IExplore.exe %www.baidu.com      // 运行 IE 浏览器，打开百度网页
exit                                   // 退出命令行用户界面
```

我们运行一下 openbaidu.bat，在 IE 浏览器和计算机网络连接状态正常的情况下，是可以打开百度网页的。

我们现在想打开百度网页 10 遍，该怎么办呢？对，用 FOR 循环。

FOR 是一个循环执行程序代码的语句。在批处理程序中，FOR 语句格式如下。

FOR [增减参数] [%%a] IN (数字序列) DO [运行程序的命令] [命令参数]

常用参数 "/l" 表示以增量形式从开始到结束的一个数字序列。因此，(1,1,6) 将产生序列 (1 2 3 4 5 6)，(6,–1,1) 将产生序列 (6 5 4 3 2 1)。

例如，"FOR /l %%a IN (1,1,10) DO"，表示从 1 开始，执行程序 10 遍，直到变量 %a 的值为 10。我们将这段代码命名为 openbaidu10times.bat。

```
@echo off                                  // 关闭命令的屏幕显示
REM Start baidu in IE                      // 注释
set C:\Program Files\Internet Explorer      // 将当前目录指向 IE 浏览器程序位置
FOR /l %%a IN (1,1,10) DO start IExplore.exe %www.baidu.com
                                           // 打开百度网页 10 遍
exit                                       // 退出命令行用户界面
```

大家可能会问：这怎么像一个病毒程序呢？如果你在网上不小心下载了一些未知功能的程序，单击后可能会不断地打开网页，且没完没了，如图 10-25 所示。有过这种经历的朋友，肯定容易理解这段代码。其实很多恶意程序，就包含类似的代码。

图 10-25　打开百度网页 10 遍

10.2.5　重命名、删除文件

有些程序比较"坏"，它会把你常用的文件改得面目全非。它使用的可能是重命名命令。

下面我们使用 mkdir 命令在 D 盘中创建 0file 和 1file 两个目录，然后使用 driverquery 命令生成当前系统的驱动程序安装信息，并把它输出在 0file 目录下的 driver.txt 文件里。随后，使用 copy 命令，将 driver.txt 文件复制在 1file 目录下。最后，把 1file 目录下的 driver.txt 重命名为 d123.ini。这段程序我们称为 filerename.bat，代码如下。

```
@echo off                          // 关闭命令的屏幕显示
mkdir D:\0file                     // 在 D 盘创建目录 0file
mkdir D:\1file                     // 在 D 盘创建目录 1file
driverquery > D:\0file\driver.txt
                                   // 使用 driverquery 生成当前系统的驱动程序安装信息，
                                   // 然后把它输出在 0file 目录下的 driver.txt 文件里
copy D:\0file\driver.txt D:\1file  // 将 driver.txt 文件复制在 1file 目录下
ren D:\1file\driver.txt d123.ini   // 将 driver.txt 重命名为 d123.ini
```

我们运行完这段程序，就可以看到在 D 盘下生成的 0file 和 1file 两个目录，这两个目录里分别包含 driver.txt 和 d123.ini 文件。

有些程序，如 360 安全卫士，能够帮助你清理系统垃圾，这个功能本质上就是查找系统的垃圾文件并把它删除。删除文件的过程比较危险，下面就把刚才生成的文件做个批处理文件删除。我们将删除这两个文件的批处理程序称为 filedelete.bat，代码如下。

```
del D:\0file\driver.txt            // 删除 D 盘下 0file 目录里的 driver.txt 文件
rmdir D:\0file                     // 删除 D 盘下的 0file 目录
del D:\1file\*.*                    // 删除 D 盘下 1file 目录里的所有文件
rmdir D:\1file                     // 删除 D 盘下的 1file 目录
```

别小看这两个简单的程序，有些从网上不小心下载的伪装得很善良友好的恶意代码，往往可以通过重命名或者删除你的文档，让你的工作从零开始。

10.2.6　定时关机

已经很晚了，我们需要休息，但计算机还在下载电影，我们关不了机怎么办？此时，可以使用 Windows 的批处理程序来定时关机。

新建一个名为 shutdowns120.bat 的文件，写入 shutdown –s –t 120，意思是计算机将在 2 分钟内自动关机，如图 10-26 所示。shutdown 即关闭命令，–s 也是关闭的意思，–t 即过多久关闭，120 表示 120 秒，即 2 分钟。

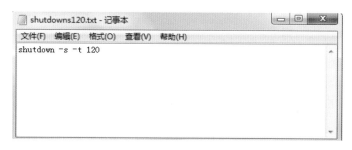

图 10-26　定时关机

执行 shutdowns120.bat，会出现 Windows 系统将在 2 分钟后关闭的提示，如图 10–27 所示。

图 10-27　系统将在 2 分钟后关闭的提示

shutdown 后面还可以跟其他参数，例如，shutdown –h –t 60，表示 60 秒后计算机休眠；shutdown –r –t 0，表示立即重启计算机；shutdown –l –t 0，表示立即注销计算机。

延伸阅读：进程的由来

　　早期的计算只能按顺序依次运行程序，不能同时运行。于是人们将计算机的处理时间分成一小片一小片，因为间隔的时间短，所以给人的感觉好像是计算机同时处理了多个事件。

　　20 世纪 60 年代，美国的麻省理工学院在运行程序的实践中发现，如果待运行的程序之间没有什么关系，以前那种依次运行程序的方式没有什么不方便的；但是，如果这些程序之间存在着某种联系，例如，共同占用一些资源，那么这两件事情之间的先后处理顺序不同，就会带来不同的结果。此时程序这个概念已无法描述多个程序的同时执行。所以，麻省理工学院在早期的操作系统 multics 中提出了进程的概念。

Windows 常用快捷键一览表

　　这里整理了 Windows 常用的快捷键，当然我们可以使用鼠标单击桌面菜单的方式来使用 Windows 的某一功能，但高级计算机玩家是运指如飞的，很多旁观者还不知道怎么回事时，就已经完成了某些操作，这就需要掌握常用的快捷键。下面以 Windows 10 为例介绍一下常用的快捷键。

类　　别	快　捷　键	功　　能
Windows 键	单独按 Windows	显示或隐藏"开始"菜单
	Windows+D	显示桌面
	Windows+M	最小化所有窗口
	Windows+Shift+M	还原最小化的窗口
	Windows+E	打开"文件资源管理器"
	Windows+Ctrl+F	查找计算机
	Windows+F1	打开"Windows 帮助和支持"页面
	Windows+R	打开"运行"对话框
	Windows+U	打开"设置"页面
	Windows+L	切换使用者
Ctrl 快捷键	Ctrl+S	保存
	Ctrl+W	关闭程序
	Ctrl+N	新建
	Ctrl+O	打开
	Ctrl+Z	撤销
	Ctrl+F	查找
	Ctrl+X	剪切
	Ctrl+C	复制
	Ctrl+V	粘贴

续表

类 别	快 捷 键	功 能
Ctrl 快捷键	Ctrl+A	全选
	Ctrl+B	粗体
	Ctrl+I	斜体
	Ctrl+U	下画线
	Ctrl+Shift	输入法切换
	Ctrl+空格	中英文切换
	Ctrl+Enter	将后面文字定位到下一页的首位置
	Ctrl+Home	光标快速移到文件头
	Ctrl+End	光标快速移到文件尾
	Ctrl+Esc	显示"开始"菜单
	Ctrl+F5	在 IE 中强行刷新
	Ctrl+拖动文件	复制文件
	Ctrl+Backspace	启动/关闭输入法
	拖动文件时按住 Ctrl+Shift	创建快捷方式
Alt 快捷键	Alt+F4	关闭当前程序
	Alt+Tab	两个程序交换
	Alt+Enter	查看文件属性
	Alt+双击文件	查看文件属性
Shift 快捷键	Shift+F10	选中文件的右菜单
	Shift+Delete	永久删除文件
	Shift+ ^	处在中文标点符号条件下（如在智能 ABC 中）的省略号……
常用功能键	F1	显示帮助。在对话框中，可获得当前项的说明
	F2	更改选中文件或文件夹的名称（重命名）
	F4	在浏览器中，打开地址栏或当前组合框
	F5	刷新当前文件夹、磁盘
	Delete	删除选中，或删除光标后文字
	Backspace	删除选中，或删除光标前文字